Sanaa M. Shanab
Emad A. Shalaby

Toxinas de algas e outros compostos bioactivos

Sanaa M. Shanab
Emad A. Shalaby

Toxinas de algas e outros compostos bioactivos

ScienciaScripts

Imprint

Cover image: www.ingimage.com

This book is a translation from the original published under ISBN 978-3-659-84840-7.

Publisher:
Sciencia Scripts
is a trademark of
Dodo Books Indian Ocean Ltd. and OmniScriptum S.R.L publishing group

120 High Road, East Finchley, London, N2 9ED, United Kingdom
Str. Armeneasca 28/1, office 1, Chisinau MD-2012, Republic of Moldova, Europe
Managing Directors: Ieva Konstantinova, Victoria Ursu
info@omniscriptum.com

Printed at: see last page
ISBN: 978-620-8-59689-7

ÍNDICE DE CONTEÚDOS

Introdução

As algas e as cianobactérias são responsáveis pela presença de toxinas nas massas de água doce. As algas raramente formam florescências como as cianobactérias, e as toxinas que produzem são menos perigosas para os animais ou para os seres humanos. Algumas espécies de cianobactérias (tanto bentónicas como planctónicas) podem formar concentrações muito densas de toxinas que induzem efeitos variáveis nos outros habitantes dos ecossistemas aquáticos e terrestres.

No que diz respeito aos zooplânctons, registam-se alguns mecanismos de adaptação e de defesa às cianobactérias, como evitar as espécies tóxicas, modificar o ritmo de migração vertical para evitar a zona onde estão presentes as espécies tóxicas (Berthon e Brousse, 1995).

Ao alimentar-se de cianobactérias, o zooplâncton pode acumular toxinas no seu corpo, especialmente nos órgãos-alvo, e o processo de bioacumulação inicia-se ao longo da cadeia alimentar. No que respeita aos moluscos e crustáceos, que constituem a principal fonte de alimentação dos anfíbios, das aves e dos seres humanos, estas espécies revelaram-se pouco sensíveis às toxinas. Podem acumular quantidades elevadas destes metabolitos e tornar-se uma fonte importante de intoxicação para os níveis superiores da cadeia trófica, incluindo o homem (Amorim e Vas concelos 1999, Humbert *et al,* 2001)

O efeito das cianobactérias nas espécies de peixes é tanto indireto como direto. A ação indireta é exercida através dos zooplânctons, reduzindo assim a disponibilidade de alimentos, enquanto o efeito direto é a morte maciça de peixes (ascarpas, trutas, salmões) causada pela anóxia induzida pela proliferação de flores. Os órgãos-alvo são o fígado, os rins e as brânquias (Bury *et al.,* 1997, Humbert *et al.*, 2001).

No que diz respeito aos vertebrados, foram registados muitos episódios de intoxicação de cães, ovelhas, vacas e gado (Francis, 1878, Carmichael e Falconer 1993, Van Apeldoorn *et al.,* 2007). O envenenamento dos seres humanos deve-se à ingestão de cianobactérias tóxicas ou de água contaminada com as toxinas.

Em Ohio, EUA, em 1931, a água potável tratada com sulfato de cobre (para destruir a proliferação de algas) provocou a morte e a lise das células das algas, libertando toxinas na água e o seu consumo causou a intoxicação de milhares de pessoas (Tisdale, 1931). Também na Zâmbia (1966), na Austrália (1983), no Brasil (1993, 1996) ocorreram muitos episódios mortais.

As reacções alérgicas a algas e cianobactérias são frequentemente registadas em águas balneares eutróficas (Yoo *et al,* 1995). Foram registadas reacções cutâneas à acumulação de material de algas entre os fatos de banho e a pele em vários banhistas. As algas também provocam tosse irritativa no pessoal e nos doentes de unidades fisioterapêuticas abastecidas com água de superfície filtrada de forma grosseira (Naglitsch, 1988).

A-Toxinas de algas de água doce

As toxinas conhecidas são classificadas em: Neuro- , Hepato- e Citotoxinas.

Capítulo 1

I- Neurotoxinas

Incluem Anatoin-a , Anatoxina -(s) e Saxitoxinas. As neurotoxinas actuam bloqueando a transmissão dos sinais neuronais através de dois mecanismos principais:

a- A anatoxina-a actua como mímica da acetilcolina.

b- A(s) anatoxina(s) actua(m) como inibidor(es) da colinesterase, provocando uma síndrome semelhante à dos organofosforados.

c- As saxitoxinas actuam bloqueando o canal de sódio, perturbando o equilíbrio do sódio nas células nervosas.

Natureza das neurotoxinas

As neurotoxinas são alcalóides (típicos das cianobactérias).

Estrutura química e caraterísticas

A anatoxina-a é um alcaloide de baixo peso molecular (165 Da), cuja estrutura química é dependente de 2 PH. A anatoxina-a e a Hmo-anatoína-a (é um homólogo da anatoína -a) não estão quimicamente relacionadas. A Hmo-anatoína-a é caracterizada por um grupo propionilo em C-2, em vez de um grupo acetilo, e a sua massa molecular é de 179 Da. Tem caraterísticas semelhantes às da anatoxina-a. A anatoxina-a(s) é um éster de fosfato de uma estrutura cíclica de N-hidroxiguanidina com peso molecular de 252 Da.

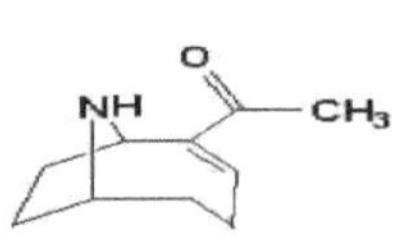

ANATOXIN-a

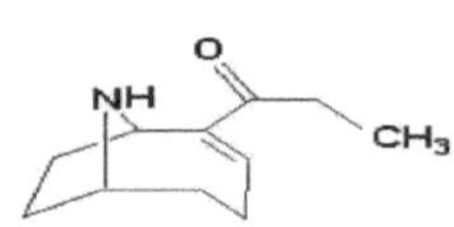

HOMOANATOXIN-a

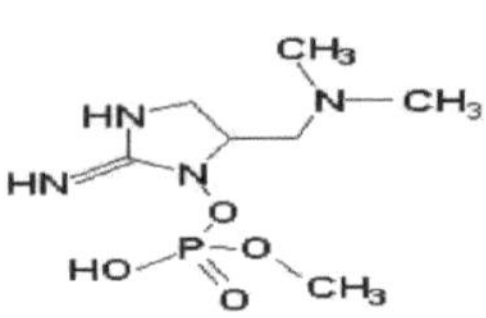

ANATOXINA-a(s)

Cianobactérias produtoras de anatoxinas

Géneros *Anabaena,* géneros *Planktothrix,* géneros *Aphanizomenon.*

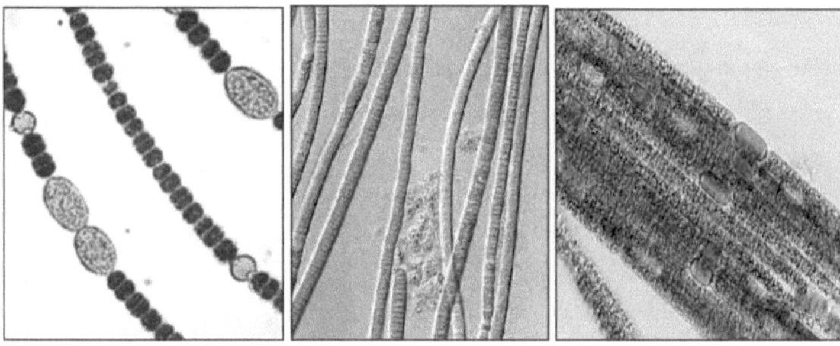

Mecanismo de ação e alvos

O alvo das neurotoxinas é o sistema neuromuscular, paralisando os músculos periféricos, esqueléticos e respiratórios com diferentes mecanismos. A anatoxina-a liga-se de forma irreversível ao recetor nicotínico da acetilcolina, comportando-se como agonista da acetilcolina e não podendo ser degradada pela acetilcolinesterase. Esta ligação induz uma abertura permanente do canal de sódio, provocando o influxo de iões e a sobre-estimulação das células musculares (Carmichael 1992).

A anatoxina-a (s) é um dos fosfatos orgânicos naturais que actua como insecticidas organofosforados (OP), tal como relatado por Carmichael (1990). A toxina é dez vezes superior à anatoxina-a, interage com a acetilcolinesterase e bloqueia a enzima através de uma ligação irreversível ao sítio ativo esterasico, levando à clivagem e reciclagem da acetilcolina

Sintomas e tratamento de toxicoses em seres humanos

Não foi registada qualquer intoxicação aguda em seres humanos devido ao facto de o odor da água afetada por eflorescências tóxicas a tornar indesejável para consumo (mas isto pode ocorrer em animais). A forma possível de exposição é através da utilização recreativa e de desportos aquáticos, por ingestão ou inalação ocasional.

Os sintomas que se seguem à intoxicação são: fasciculação muscular, bruxismo, cianose, respiração ofegante, convulsões e cambalhotas (Van Apeldoorn *et al.,* 2007). Não existe nenhum tratamento específico para o envenenamento por anatoxina-a ou anatoxina a (s), nem mesmo 6

A sua eficácia foi comprovada em ratos e ratazanas. A respiração artificial, a lavagem e a utilização de carvão ativado podem ajudar na recuperação dos animais (Beasley *et al.*, 1989). Anatoxina - causa a morte de animais, aves, gado e cães que bebem grandes quantidades de água contaminada.

2- Hepatotoxinas

Péptidos cíclicos que afectam os hepatócitos do fígado, pelo que são designados por hepatotoxinas, incluindo: microcistinas e nodularinas.

2- 1 Microcistinas

A mais frequente e mais disseminada das cianotoxinas

As espécies ou géneros de algas que produzem estas toxinas são:

Microcystis aeruginosa,

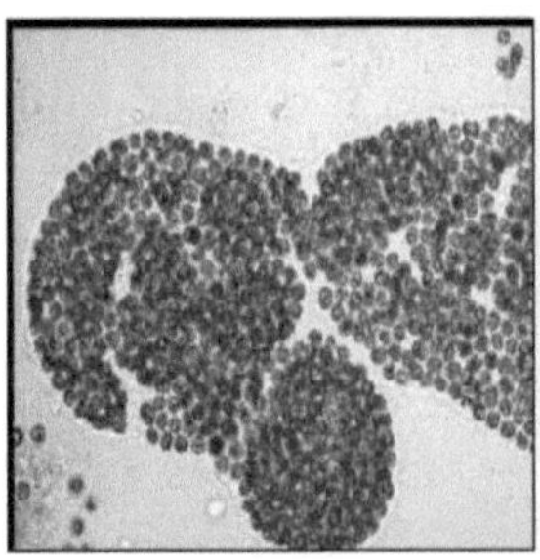

Anabaena spp,

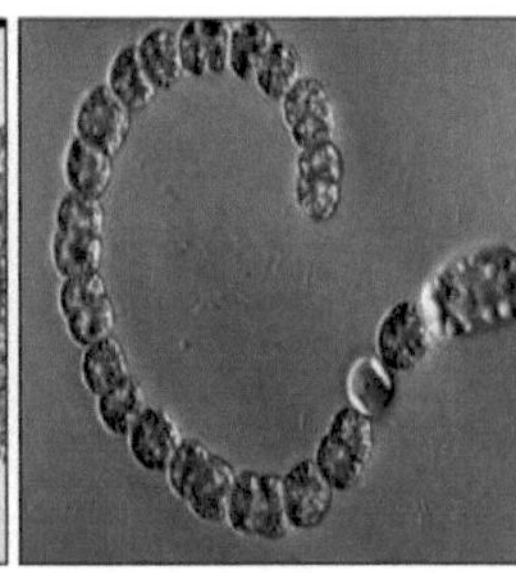

Nodularia spp.

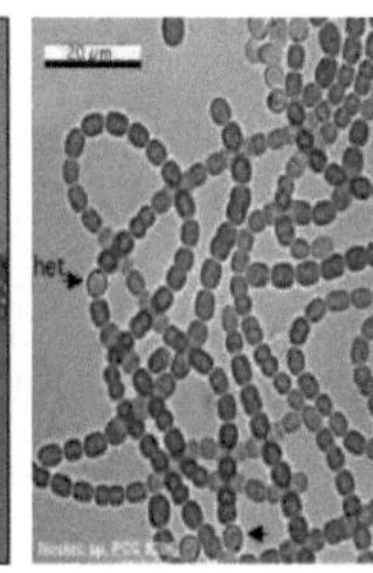

Planktothrix spp,

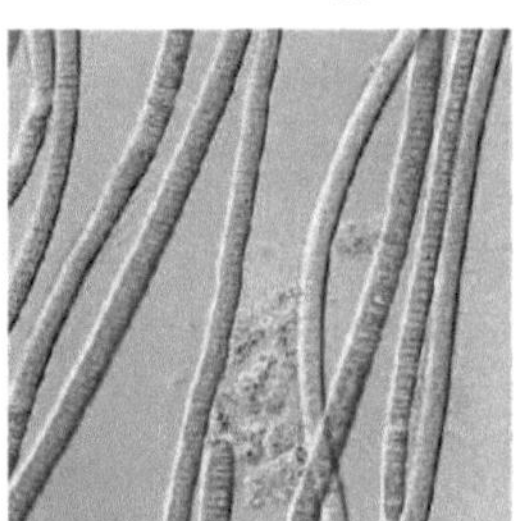

Nostoc spp.

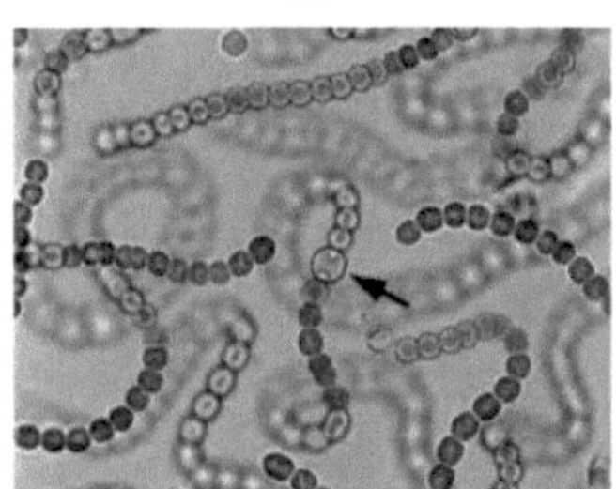

Em muitos casos, uma única espécie pode produzir mais do que uma única toxina.

2- 1-1-Estrutura química

As microcistinas são heptapeptídeos cíclicos de peso molecular 800-1100 Da, caracterizados pela presença de aminoácidos específicos que só se encontram nestas toxinas, como

- N-metildehidroalanina (Mdha)
- Ácido 3-amino-9-metoxi-2,6,8-trimetildeca-4,6-dienóico (Adda) A sequência de aminoácidos mais comum observada é ;

(D)-Ala- (L) x- (D) Me Asp- (L) Z-Adda -(D) Glu - Mdha

Existem mais de 60 microcistinas diferentes devido a diferentes combinações de aminoácidos possíveis (especialmente dos aminoácidos (L) x e (L) z)

As microcistinas são muito estáveis e resistentes às peptidases produzidas por eucariotas e bactérias, mas podem ser quebradas por bactérias aquáticas que vivem nos mesmos rios ou reservatórios onde ocorrem as cianobactérias (Lahtie *et al,* 1997).

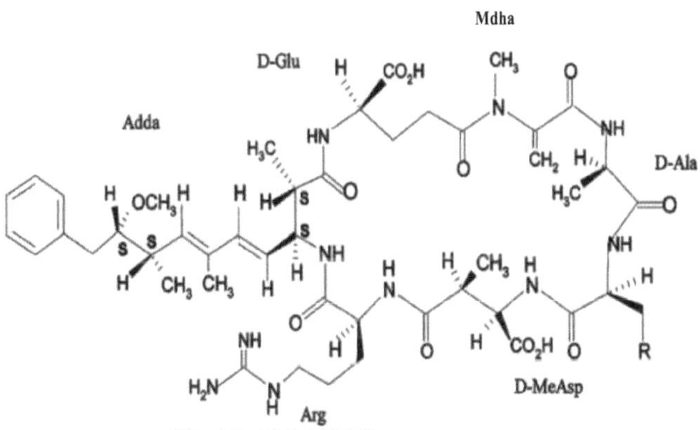

Microcistina LR R=CH(CH_3)2
Microcistina RR R=$CH_2CH_2NHC(NH_2)$=NH
Microcistina YR R=C_6H_4-p-OH

Mecanismo de ação, alvo, sintomas e tratamento da intoxicação

As microcistinas entram no organismo através do sistema de transporte de ácidos biliares das células hepáticas e intestinais, acumulando-se no fígado, nos intestinos e nos rins. Além disso, estas toxinas podem ser absorvidas por via intranasal quando as microcistinas são libertadas nas actividades desportivas aquáticas, o que pode levar a uma elevada absorção de toxinas pelos seres humanos.

As microcistinas afectam principalmente os hepatócitos, onde inibem as proteínas fosfatases através de ligações covalentes à enzima, o que bloqueia a desfosforilação das proteínas e afecta também as proteínas do citoesqueleto.Como consequência da exposição às hepatotoxinas, o citoesqueleto perde organização, encolhe, provocando a retirada das projecções em forma de dedos (que permitem ao hepatócito interagir com as células vizinhas), o que leva à rutura do contacto entre os hepatócitos e com os capilares sinusoidais, as células desprendem-se dos vasos e os próprios vasos perdem a sua organização. Estas alterações gerais conduzem à acumulação de sangue no fígado, hemorragia e morte do organismo em poucas horas a poucos dias (Carmichael 1994).

As microcistinas também têm como alvo a subunidade B da ATP sintase, causando a sinalização apoptótica mitocondrial (morte) em concentrações elevadas de toxina. A longo prazo, as microcistinas provaram atuar como promotores de tumores, aumentando a proliferação de células mutantes.

A exposição a toxinas de microcistina induz a formação de espécies reactivas de oxigénio (ROS), uma substância antioxidante de baixo peso molecular, a glutationa, pode ligar-se à molécula de microcistina, que se liga a proteínas fosfatases na Mdha, induzindo um efeito protetor contra os danos causados pelo stress oxidativo das microcistinas (Gehringer 2003).

Não existe um tratamento específico para as intoxicações por cianobactérias. Em alguns casos, os medicamentos anti-histamínicos e a cortisona demonstraram ser úteis em reacções alérgicas após o contacto da pele com flores ou escamas.

2- **2-NODULARINAS**

São pentapeptídeos cíclicos (hepatotoxinas) cujo peso molecular é 824,96 e a fórmula é:
dh But- (D) MAsp- (L) Arg - Adda- (D) Glu. Foram identificadas seis variantes de nodularinas. Estas são produzidas principalmente por espécies do género *Nodularia, para* além de outras espécies de cianobactérias. As estirpes produtoras de nodularina sintetizam geralmente apenas uma variante da toxina.

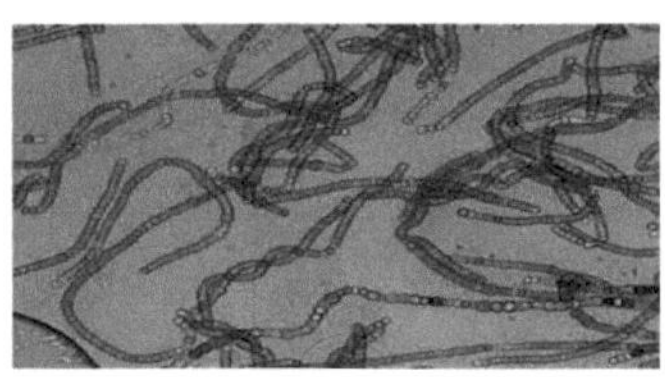

Nodularia sp

As nodularinas têm o mesmo alvo e mecanismo de ação que as microcistinas. Não podem ser degradadas por bactérias que habitam a mesma massa de água. Induzem os mesmos sintomas e doenças que as microcistinas (Carmichael 1994, Sivonen e Jones 1999).

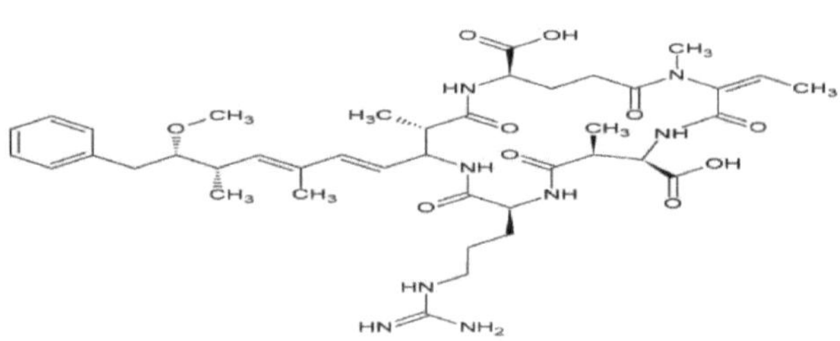

3- **Citotoxinas ou Cilindrospermopsina**

Bloqueiam a síntese proteica ao ligarem-se ao ADN ou ARN, causando danos citogenéticos através de quebras de cadeias de ADN e perda de cromossomas inteiros, bloqueando também a síntese de glutatião. Provou ser carcinogénico.

3- 1-Natureza química das citotoxinas

Um alcaloide que contém guanidina tricíclica combinada com hidroximetiluracila. A cilindrospermopsina é o único representante da classe das citotoxinas.

É produzido por *Cylindospermopsis raciborskii* (cianobactéria tropical), *Anabaena bergii, Aphanizomenon sp., Umezakia natans, Raphidiopsis curvata* (todas são cianobactérias filamentosas estreitamente relacionadas geneticamente).

Durante o verão, a *C. raciborskii* não forma espuma à superfície, mas forma bandas densas abaixo da superfície do lago em lagos estratificados claros, enquanto em lagos pouco profundos os filamentos se distribuem por toda a coluna de água. A toxina liberta-se das células em condições normais (cerca de 80% da toxina estava na solução livre).

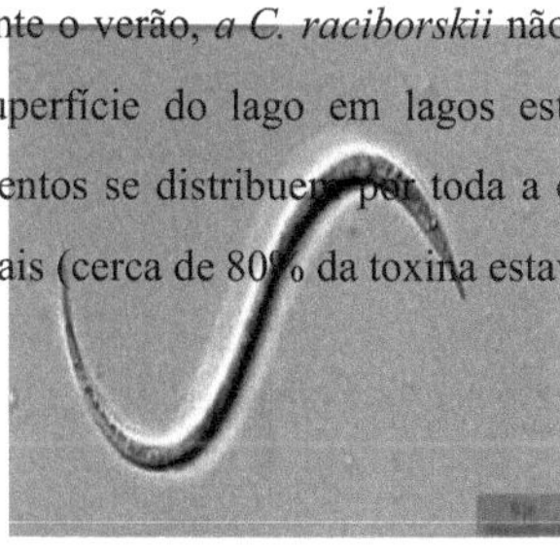

Cylindospermopsis raciborskii

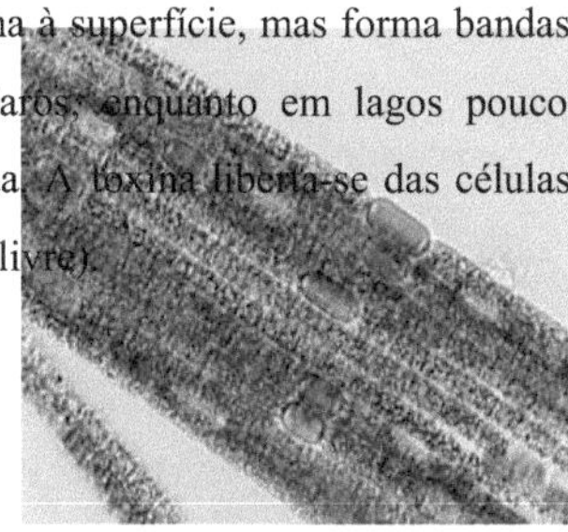

Aphanizomenon sp

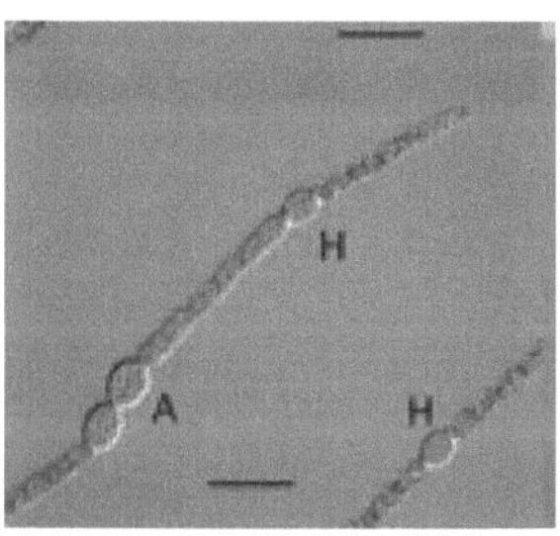

Anabaena bergii

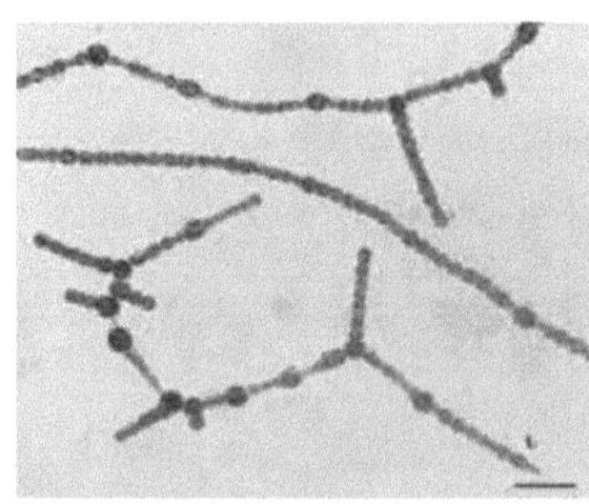

Umezakia natans

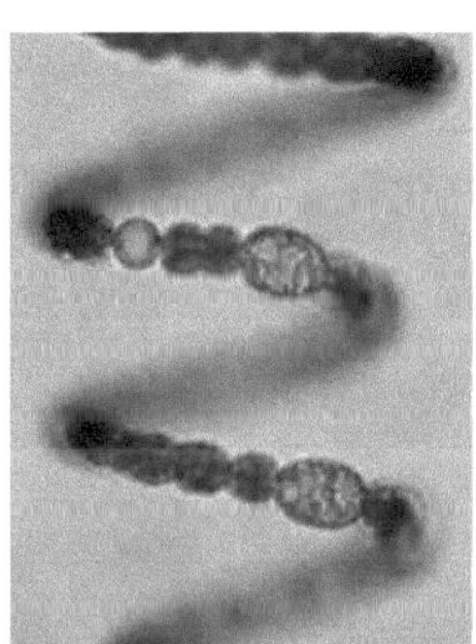

Raphidiopsis curvata

3- 2-Estrutura química

A ponte hidroxílica do alcaloide pode dar origem a dois epímeros diferentes, a cilindrospermopsina e a 7-epicilindrospermopsina, que são ambos de ocorrência natural e igualmente tóxicos. A molécula é altamente solúvel em água devido ao seu grupo sulfato, carregado negativamente, e ao grupo guanidina, carregado positivamente. A toxicidade parece dever-se ao grupo uracilo; se este se perder, a toxicidade é eliminada

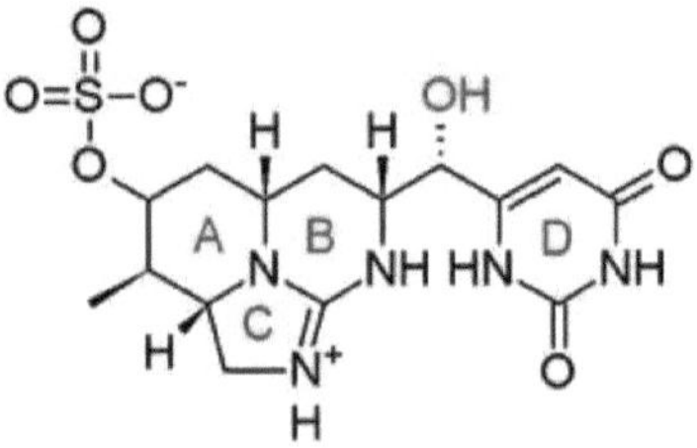

3- 3-Mecanismo de ação

A cilindrospermopsina é uma citotoxina geral que bloqueia a síntese proteica, activando o mecanismo do citocromo p-450 (cyp 450). Por via oral, esta toxina provoca gastroenterite, hepatite, disfunção renal e hemorragia. A toxicidade da cilidrospermopsina inclui 4 processos tóxicos:

1- Os ribossomas desprendem-se da membrana do retículo endoplasmático rugoso (RER) e acumulam-se no citoplasma dos hepatócitos, levando à redução do tamanho dos nucléolos.

2-Um dia após a exposição, a quantidade de cyp-450 total é muito reduzida nos microssomas hepáticos.

3- Acumulação de gotículas de gordura na porção central dos lóbulos hepáticos (induzida por radicais livres produzidos por lesão hepática).

4- Ocorre necrose hepática grave

3- 4-Sintomas e tratamento da toxicose no ser humano

A toxicidade foi caracterizada por hepatite, lesões renais e intestinais, vómitos, dores de cabeça, dores abdominais, obstipação proteica, diarreia sanguinolenta e desequilíbrio eletrolítico.

O tratamento que tem por objetivo manter e restabelecer o funcionamento do organismo, a síntese proteica é irreversível, pelo que a recuperação exige cuidados hospitalares longos, intensivos e especializados.

Lipopolissacáridos

Os lipopolissacáridos endotóxicos (LPS) são compostos comuns da parede celular externa das cianobactérias e das bactérias gram-negativas.

Estrutura química

Consistem num núcleo de polissacáridos lipídicos A e numa cadeia polissacárida exterior (composta por uma grande variedade de ácidos gordos polinsaturados de cadeia longa e ácidos gordos hidroxilados sem fosfato). O açúcar da espinha dorsal é a glucosamina, as galactoses e as heptoses (Martin *et al,* 1989).

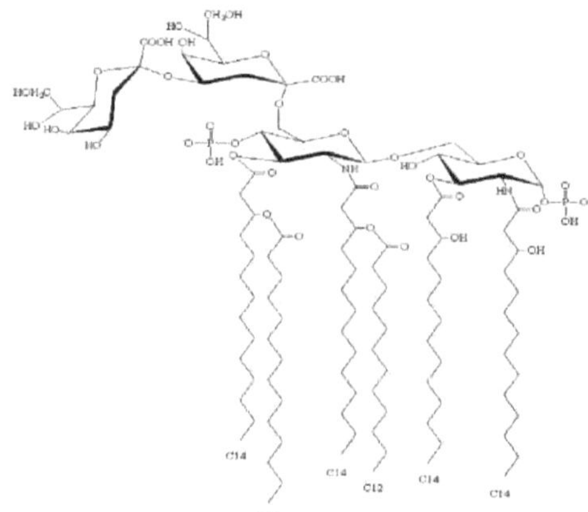

Sintomas de toxicidade por LPS

Febre nos mamíferos, envolvida na síndrome do choque sético que pode agravar a lesão hepática induzida pelo tóxico; as acções irritantes devem-se principalmente ao componente de ácido gordo e podem causar a inibição dos genes da glutationa S-transferase. Os LPS das cianobactérias são menos tóxicos do que os das bactérias Gram-negativas patogénicas, mas podem causar problemas de saúde humana em resultado de banhos em águas contaminadas.

REFERÊNCIAS

1- Carmichael W.W. (1992): Cyanobacteria secondary metabolites: the cyanotoxins. J. Appl. Bacter. 72:445-459.

2- Carmichael, W. W.; Mahmood, N. A.; Eschedor, J. H. e YU, M.J. (1990): Natural toxins from Cyanobacteria In: Marine Toxins: Origin, Structure and Molecular pharmacology, S.Hall and G.Striehartz, American Chemical Society, Washington D. C., pp 87-106.

3- OMS (2003): Algas e Cianobactérias em Água Doce, In: Guidelines for safe Recreational water Environments. Coastal and freshwaters. Organização Mundial de Saúde, Genebra.

4- Van Apeldoorn M E., Van Egmond H P., Speijers G J A . e Bakker G J I. (2007): Toxins of Cyanobacteria, Mol . Nutr.Food Res. 51 :7-60.

5-Beasley V R ., Cook W O. , Dahlem A M ., Hooser S B ., Lovell R A. e Valentine W M.

(**1989):** Algae Intoxication in Livestock and waterfowl, Vet . Clin .North .Am . Food Anim . Pract. , 5: 345-361 .

6- Briand J F. , Jacquet S. , Bernard C. e Humbert J F. (2003): Health Hazard for Terrestrial Vertebrates from Toxic Cyanobacteria in Surface Water Ecosystems (Perigo para a saúde dos vertebrados terrestres devido a cianobactérias tóxicas nos ecossistemas de águas de superfície). Vet .Res .34 : 361-377.

7- Lahti K., Rapala J., Fardig M. ,Niemela e Sivonen K. (1997): Persistência da hepatotoxina de cianobactérias, Microcystin -LR, em material específico e dissolvida na água do lago, Wat . Res., 31 : 1005-1012 .

8- Carmichael W W. (1994): The Toxins of Cyanobacteria, Scientific American 270 : 78-86 .

9- Mikhailov A ., Harmala-Brasken A S., Hellman J ., Meriluoto J. e Eriksson J . (2003). Identification of ATP-Synthase as a Novel Intracellular Target for Microcystin-LR, Chem. Biol . Interact.142 : 223-237 .

10- Gehringer M. (2003): Efeitos Intracelulares induzidos por Mcrocistina-LR e Ácido Okadaik: Uma resposta dualista, FEBS Letters 557: 1-8.

11- Sivonen K. e Jones G J. (1999): Cyanobacterial toxins , In : Toxic Cyanobacteria in water , I . Chorus e J . Bartram , Spon. E., Spon F N., Londres

12- Martin C., Codd G A., Siegelman H W ., e Weckesser J . (1989): Lipopolysacchrides and polysaccharides of the Cell Envelope of Toxic *Microcystis aeruginosa* strains, Archives of Microbiology 152 : 90-94 .

13- Berthon J L., e Brousse S . (1995): Modificação do comportamento migratório dos crustáceos planctónicos na presença de uma proliferação de *Microcystis aeruginosa* (cianobactérias), Hydrobiologia 300-301: 185-193.

14- Humbert J F ., Fontaine F ., Frocio S ., Burcham P., e Falconer I R. (2005). Genotoxicidade e citotoxicidade da cilindrospermopsina: Papel do citocromo p-450 e do stress oxidativo. J. Toxicol. and Envinon. Health , part A, 68 : 739 - 753 .

15- Bury N R ., Mc Geer I C ., Eddy F B ., e Codd G A . (1997): Liver damage in Brown Trout, Salmo Trutta L. and Rainbow Trout, Oncorhynchus Mykiss (Walbaum), following Administration of the Cyanobacterial Hepatotoxin Microcystin- Lr Via the dorsal Aorta . J. Fish Diseases 20 : 209-215 .

16- Humbert I F., Berard A ., e Leboulanger C . (2001): Impact Ecologique Des Cyanobacteries Des Eaux Douces Et Saumatres in : Toxins D'algues Dans L'alimentation ,J. M .

FRE'MY e P. Lossus ,Ifremer .

17- **Francis G. (1878):** Poisonous Australian Lake, Nature 18: 11-12.

18- **Carmichael W W., e Falconer I R. (1993):** Doenças relacionadas com toxinas de algas verdes azuis de água doce, e medidas de controlo em : Algal toxins in Seafood and Drinking water , I. Falconer , Academic press , London ,U.K, PP. 187-209 .

19- **Van Apeldoorm M. E. ,Van Egmond H P., Speijers G J A . e Bakker G J I .(2007):** Toxins of Cyanobacteria ,Mol. Nutr . Food Res . 51 : 7-60 .

20- **Tisdale, E S.(1931):** Epidemic of Intestinal Disorders in Charleston ,W . Va. Ocorrendo simultaneamente com condições de abastecimento de água sem precedentes. J. Public Health 21 : 198-200.

21- **Yoo S. , Carmichael W. ,Hoehn R. e Hrudey S E., (1995):** Cyanobacterial (blue green algal) toxins : A Resource Guide , AWWA Research Foundation Denver ,229 pp.

22- **Carmichael W W . (2001):** Haelth Effects of Toxin- producing Cyanobacteria , 'the cyanohabs ' , Ilum . Ecol . Risk Assessement 7 : 1393-1407

23- **Amorim A . e Vasconcelos V. (1999):** Dinâmica das Microcistinas no Mexilhão *Mytilus galloprovincialis* , *Toxicon* 37 ; 1041-1052 .

24- **Naglitsch F. (1988):** Algen Als Ursache Von Reiz husten (Algas causam Irritação-Tosse) .Zentralbl .Mikrobial . 143 : 331-334 .

25- **Van Dolah F M ., Doucette G J ., Gulland F M D ., Rowlesand T L., e Bossart G D., (2003):** Impact of Algal toxin on Marine Mammals , in : Toxicology of Marine Mammals ,J G .Vos ,G D .Bossart ,M. Fournier and T J. O'Shea ,Taylor &Francis- London ,New York ,pp. 247-269 .

26- **Amzil z. , Vernous J P ., e Pottier I . (2001):** Les principales Classes De Phycotoxins , in : Toxins D'algues Dans L'alimentation ,J M .,Fremy and P. Lassus , IFremer , pp. 159-188 .

27- **Andrinolo D., Michea L F .e Lagos N . (1999):** Efeitos tóxicos . Pharmacokinetics and Clearance of Saxitoxin ,a component of paralytic shellfish poison (PSP) in Cats ,Toxicon 37 : 447-464 .

28- **Puiseaux-Dao S. , Molgo J., Benoit F., Fessard V., Pucch L. ,c Ten-Hage L. (2001):** Toxicologie in : Toxins D'algues Dans L'alimentation ,J M., Fremy and P.Lassus IFremer ,pp.302-367 .

29- **Yu F H ., e Catterall W A ., (2004):** The Vgl- Chanome : a protein Superfamily Specialized for Electrical Signaling and Ionic Homeostasis ,Sci STKE 253 : re 15 .

30- **Forcada J., Hammond P. S. e Aguilar A. (1999):** Status of the Mediterranean Monkseal Monachus Monachus in the western Sahara and the Implications of a Mass Mortality Event ,Mar.

Ecol. Prog. Ser . 188 : 249-261 .

31- Zaccaroni A. , Scaravelli D. (2008): Toxicidade das toxinas das algas de água doce para os seres humanos e os animais em : V . Evangelesta *et al.*, (eds.). Algal Toxins , Nature , Occurrence , Effect and Detection . Springer Science & Buisness Media B. V.2008 .

Capítulo 2

B- Toxinas de algas marinhas

As intoxicações humanas por toxinas de algas marinhas devem-se ao consumo de marisco e à exposição respiratória a toxinas aerossolizadas. As toxinas das algas são também responsáveis por uma grande mortandade de peixes e crustáceos, bem como pela mortalidade de aves marinhas, mamíferos marinhos e outros animais que dependem da rede alimentar marinha.

As toxinas são produzidas por dois grupos de algas, os dinoflagelados e as diatomáceas, e podem atingir os seres humanos diretamente através do consumo de crustáceos ou através da transferência na rede alimentar para níveis tróficos superiores (zooplâncton e peixes herbívoros).

A maioria das toxinas são neurotoxinas e todas são estáveis à temperatura, pelo que a cozedura não melhora a toxicidade do marisco contaminado.

Existem 5 síndromes de intoxicação por marisco:

I- Intoxicação paralítica por crustáceos e moluscos (PSP)

São causadas pelo consumo de moluscos contaminados com saxitoxinas (STX), que são guanidinas heterocíclicas. Causa cerca de 2000 casos de envenenamento humano \ ano com uma taxa de mortalidade de 15-50%. Para além disso, a PSP tem sido implicada na morte de aves e baleias jubarte (Van Dolah 2000).

As saxitoxinas exercem os seus efeitos através da inibição da condutância dos canais de sódio, causando assim o bloqueio da atividade neuronal, principalmente ao nível do sistema nervoso periférico.

O nome da toxina provém do molusco em que foi identificada pela primeira vez: *Saxidomus giganteus*. É produzida por dinoflagelados temperados e tropicais dos géneros *Alexandrium, Gymnodium e Pyrodinium.*

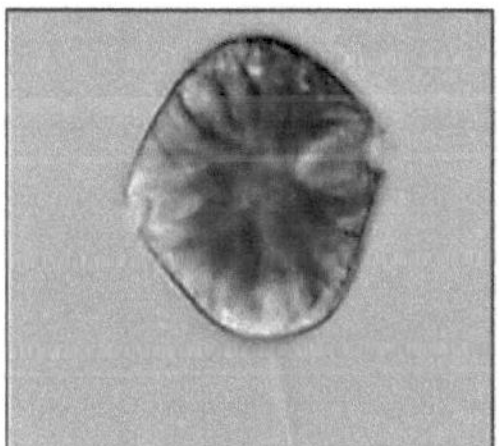
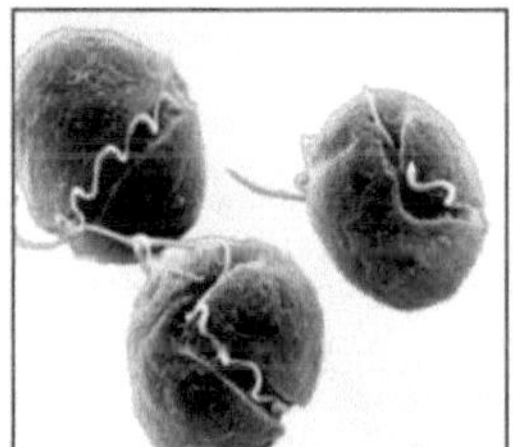
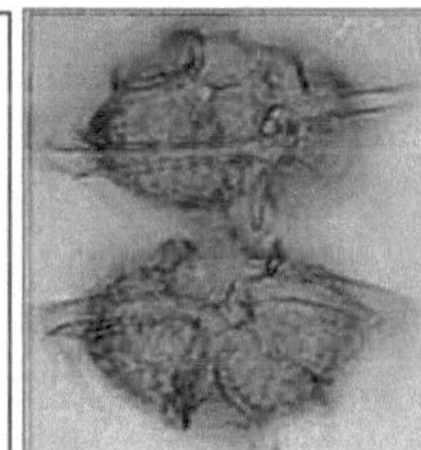

Alexandrium sp, *Gymnodium sp.* , *Pyrodinium sp.*

Trata-se de uma das poucas toxinas produzidas tanto por organismos de cianobactérias marinhas como de água doce, embora não existam relatos de intoxicação em fontes de água doce. O principal vetor de transporte das toxinas são os moluscos bivalves, embora também os caranguejos e caracóis que se alimentam de algas dos recifes de coral pareçam ser capazes de as acumular.

I- 1-Estrutura química

As saxitoxinas são tricíclicas, alcalinas substituídas, hidrossolúveis, termoestáveis e resistentes ao ambiente ácido. O pH alcalino ou os compostos oxidantes podem inativar as toxinas, que são todas derivadas de duas moléculas básicas, a saxitoxina e a neosaxitoxina, que sofrem sulfatação em diferentes locais das suas moléculas (Amzil *et al.*, 2001)

As saxitoxinas são agrupadas em 3 classes, com base na sua toxicidade: _derivados carbamatos; saxitoxina , neosaxitoxina ,GTX1 -CTX4 . Derivados N-S ulfocarbamoílicos: B1,B2,C1- C4 .

Derivados decarbamoílicos (derivados dc-) que apresentam uma toxicidade intermédia entre o carbamato (altamente tóxico) e os compostos N-sulfocarbamoílicos (pouco tóxicos) .

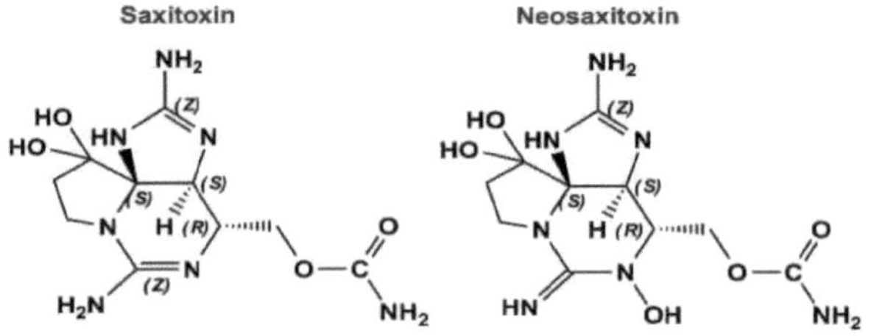

I- 2-Mecanismo de ação

Sendo moléculas polares, a STX não consegue atravessar a barreira hemato-encefálica, afectando assim o sistema nervoso periférico ao visar os canais de sódio dependentes da voltagem, que regulam o potencial de ação ao longo dos neurónios (Andrinolo *et al.,* 1999).

O canal de sódio é composto por 3 subunidades ,a ,B-1 ,B-2 , a subunidade -a tem a maior parte das propriedades funcionais, é composta por 4 domínios repetidos numerados de 1 a 1v , cada um contendo 6 regiões de membrana, rotuladas de S1 a S6 .

S4 é uma região altamente conservada que actua como sensor de tensão. Quando a tensão transmembranar estimula S4, esta desloca-se para o lado extracelular da membrana, abrindo o canal. A sequência de aminoácidos do canal, que liga os domínios 3 e 4, é responsável pela inativação (fecho) do canal, tal como referido por Yu e Catterall, 2004.

As saxitoxinas ligam-se ao sítio 1 do canal, uma sequência de aminoácidos com carga negativa situada na parte externa da membrana que liga S5 e S6. Esta ligação provoca um bloqueio completo do canal de sódio, impedindo a passagem dos iões para os neurónios e provocando a paralisia das células musculares (Puiseaux-Dao *et al.*, 2001).

I- 3 Sintomas e tratamento em humanos

II-

A PAP é uma intoxicação de distribuição mundial, a mais perigosa para o ser humano, com elevada taxa de mortalidade. Os sintomas são caraterísticos e aparecem 5 a 30 minutos após a ingestão da substância sensível. O tratamento mais eficaz inclui a lavagem gástrica e a administração de carvão ativo ou de bebidas alcalinas que favorecem a inativação das toxinas e a sua eliminação através da urina (Andrinolo *et al.*, 1999), e a recuperação ocorre geralmente em poucos dias. Em casos graves, a morte pode ocorrer na sequência de paralisia respiratória.

I- 4 Toxicose em animais

As saxitoxinas foram a causa de episódios de mortalidade em massa de baleias jubarte alimentadas com cavalas que se alimentavam de *Alexandrium tamarense* tóxico, assim como de cerca de 70% da população de monge-da-terra na Mauritânia em 1997, que morreu após se ter alimentado de *A.minutum* , *G. catenatum e D. acuta* . As aves marinhas também foram afectadas pelas saxitoxinas.

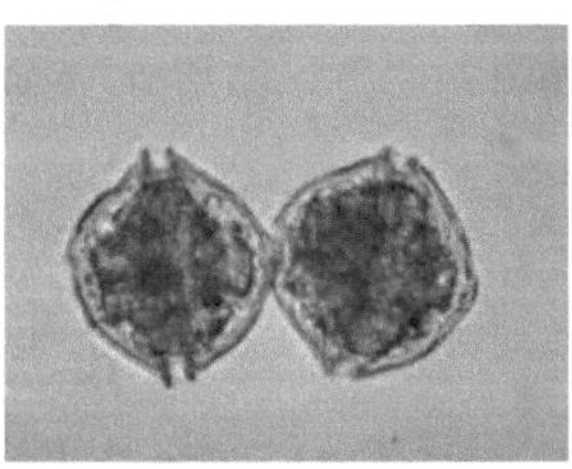

Alexandrium tamarense

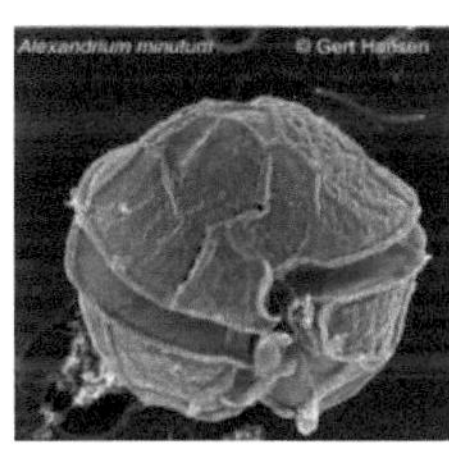

Alexandrium minutum

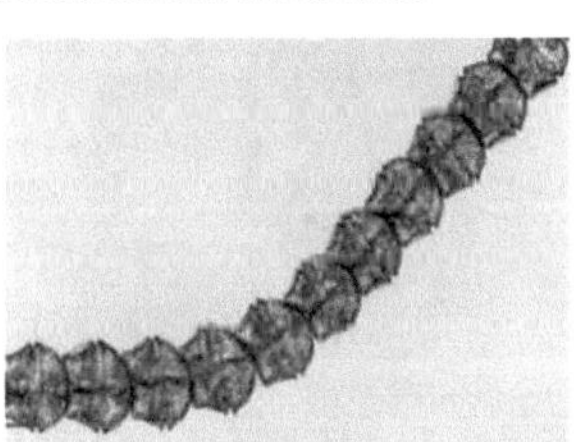

Gymnodinium catenatum

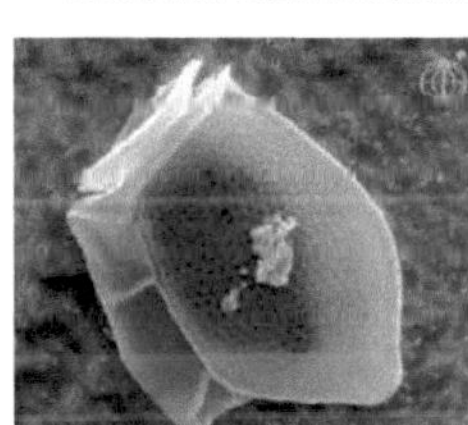

Dinophysis acuta

II- ENVENENAMENTO NEUROTÓXICO POR CRUSTÁCEOS E MOLUSCOS (NSP)

Resulta do consumo de moluscos contaminados com brevetoxinas (PbTX), é uma intoxicação pouco comum, observada como consequência da ingestão de mexilhões e também após a inalação de aerossóis contaminados, a sua importância está mais relacionada com a morte maciça de peixes.
O organismo produtor é o *Gymnodium breve*, que é um dinoflagelado não armado, facilmente lisado em águas turbulentas, permitindo a libertação da toxina na água, tornando o aerossol e as gotículas potencialmente tóxicos (Amzil *et al.,* 2001).

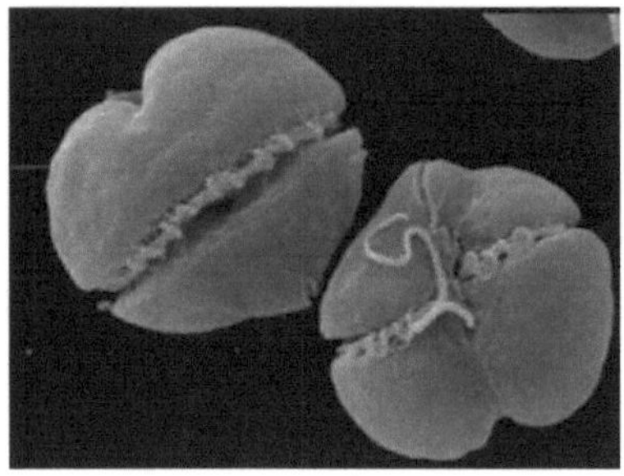

Gymnodium breve

III- 1 -Estrutura química

As brevetoxinas são toxinas lipossolúveis, do tipo éter policíclico em escada, existindo dois tipos consoante a estrutura da sua espinha dorsal, PbTXA e PbTXB (Lim *et al.*,1981).

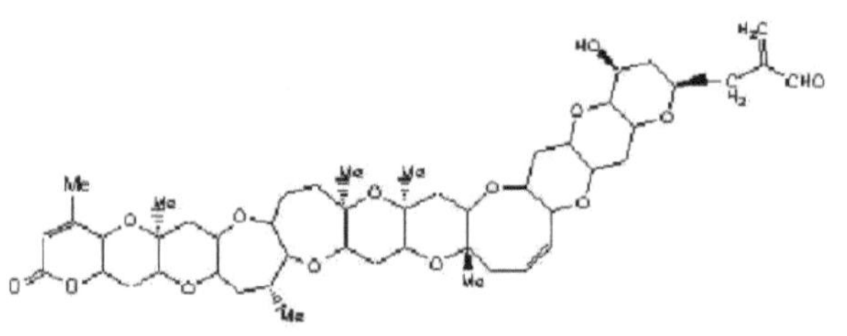

BREVETOXIN-A, a type I brevetoxin

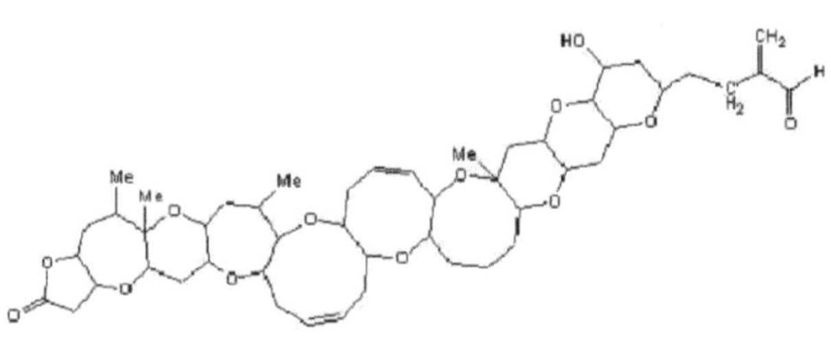

BREVETOXIN-B, a type II brevetoxin

II- 2-Mecanismo de ação

A PbTX actua ligando-se ao canal de sódio dependente da voltagem, liga-se ao sítio 5 do canal, alterando as propriedades biofísicas do próprio canal (Puiseaux-Dao *et al.*,2001). Foram registados dois mecanismos diferentes:

- Nas fibras nervosas mielínicas, a entrada de iões de sódio altera o equilíbrio osmótico, provocando a entrada de água nas células que foram engolidas.
- Nos neurónios motores, a vesícula sináptica terminal funde-se com o corpo axonal terminal, permitindo a incorporação da membrana vesicular após a libertação de neurotransmissores induzida pela toxina; as soluções hipersomáticas apenas neutralizam parcialmente este efeito (Puiseaux-Dao *et al.*, 2001).

II- 3-Sintomas e tratamento em humanos

Foram registadas duas intoxicações diferentes em seres humanos:

- Intoxicação indireta por ingestão de mexilhões contaminados, os sintomas são neurológicos e gastrointestinais, aparecem dentro de 1-3 horas. Após a ingestão de mexilhões. A síndrome neurológica inclui: dores musculares, ataxia, midríase, bradicardia. A síndrome gastrointestinal inclui dores abdominais, náuseas, diarreia. A recuperação ocorre em 24-48 horas e nunca foi registada qualquer mortalidade.
- Em contacto direto com o aerossol contaminado, observou-se principalmente inflamação das vias respiratórias, tosse, sensação de ardor e conjuntivite (Marcaillo-Le Baut *et al,* 2001).

II- 4- Toxicações em animais

As brevetoxinas foram consideradas como o agente responsável em muitos casos de envenenamento de manatins, golfinhos, tartarugas marinhas, bem como de peixes e aves marinhas. Os animais afectados mostraram desorientação, incapacidade de submergir ou de manter a posição horizontal, flexão do dorso e respiração difícil. Até à data, não foram registados quaisquer efeitos adversos agudos ou crónicos (Van Dolah *et al.*, 2003).

III- Intoxicação amnésica por crustáceos e moluscos (ASP)

Esta intoxicação é a única causada por diatomáceas; é causada por *Pseudo-nitzchiapungens* que produzem ácido domóico.

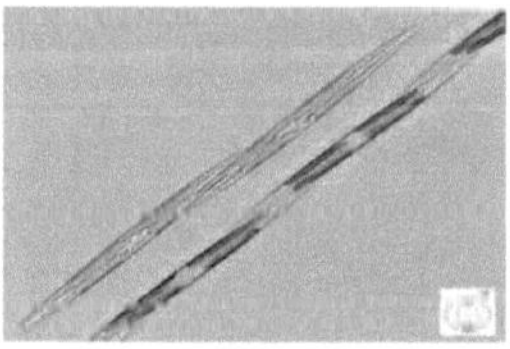

Pseudo-nitzchia pungens

III- 1 - Estrutura química

O ácido domóico é um aminoácido tricarboxílico, a cadeia lateral da molécula contém duas ligações etilénicas (Amzil *et al.*, 2001). É termoestável, solúvel em água e instável em ambiente ácido. O ácido domóico é quimicamente semelhante do ponto de vista estrutural ao glutamato e ao ácido caínico, sendo esta semelhança responsável pelo mecanismo

de ação desta toxina.

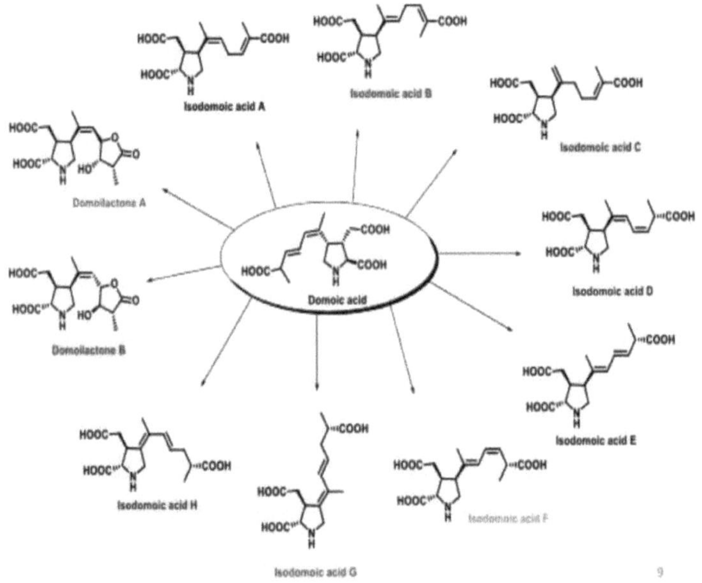

III- 2-Mecanismo de ação

O ácido domóico actua ao nível do sistema nervoso central (SNC), é absorvido pelo trato gastrointestinal e atinge lentamente o SNC. O seu mecanismo de ação baseia-se na ligação aos receptores do ácido caínico e do glutamato (Debonnel *et al.*,1989). A interação com o recetor leva à abertura do canal de cálcio dependente da voltagem, permitindo a entrada de iões de cálcio nas células, bem como de outros iões (i.e. Na)$^+$

IV- 3-Sintomas e tratamento em humanos

Os sintomas de envenenamento surgem rapidamente entre 15 e 38 horas após a ingestão de mexilhões, incluindo sinais gastrointestinais como náuseas, vómitos, diarreia, dores abdominais e sinais neurológicos como tonturas, desorientação, letargia, convulsões e perda permanente de memória a curto prazo. A recuperação ocorre num período de 1-4 meses. Atualmente, não existe antídoto para o tratamento do envenenamento e todos os cuidados são sintomáticos (Marcaillo-Le

Baut *et al*., 2001)

III- 4-Toxicoses em animais

Sete espécies do género *Pseudo-Nitzschia* são reconhecidas como produtoras de ácido domóico (Work et al., 1993). O ácido domóico foi identificado como agente causador em pelicanos, corvos-marinhos, aves, focas, lontras marinhas e baleias.

IV- Intoxicação por peixes Ciguatera (PCP)

Trata-se de um envenenamento bem conhecido ligado ao consumo de peixe. Ciguatera é o nome cubano de um mexilhão conhecido como cigua, que causa a intoxicação (Puiseaux - Dao *et al,* 2001).

Verificou-se que o organismo produtor é *Gambierdiscus toxicus,* que produz ciguatoxinas (CTX) que incluem outras toxinas, nomeadamente maitotoxinas (MTX) produzidas também por *G. toxicus* .

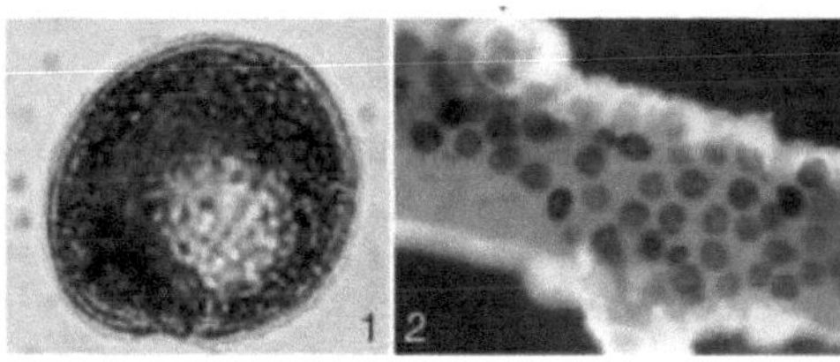

V- A-Ciguatoxinas (CTX)

IV- A-1-Estrutura química

As ciguatoxinas são toxinas altamente estáveis, a cozedura, a congelação e a salga não reduzem a sua toxicidade, são solúveis em água e em solventes orgânicos polares. Foram identificadas duas toxinas diferentes, uma da zona do Pacífico (P-CTX1) e outra da zona das Caraíbas (C-CTX1), ambos os grupos de toxinas pertencem a poliéteres policíclicos que são pouco reactivos.

parte reactiva da molécula.

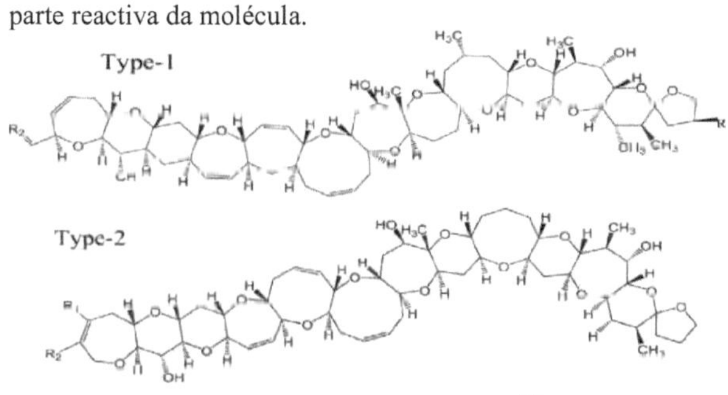

Type-3

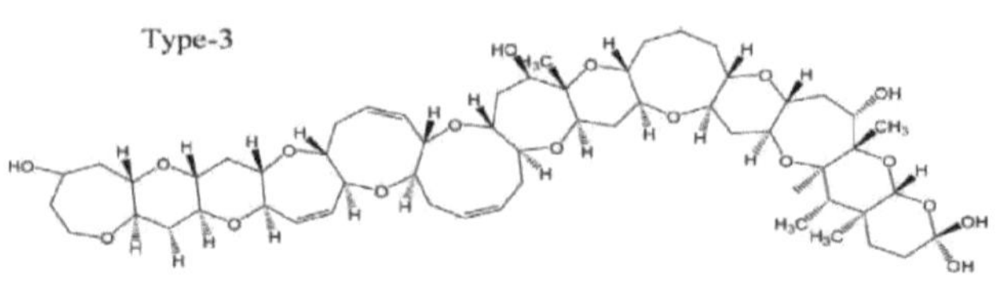

Toxina	Tipo	R1	R2
CTX 1	1	HOCH-CHOH	OH
CTX-2	1	HOCH2CHOH	H
CTX-3	1	HOCH2CHOH	H
CTX-4A	1	CH_2=CH	H
CTX-4B	1	CH_2=CH	H
CTX-2 Al	2	OH	OH
CTX-3C	2	H	H
C-CTX-1	3	-	-

IV- A-2-Mecanismo de ação

As ciguatoxinas partilham o seu mecanismo de ação com as brevetoxinas, uma vez que se ligam ao local 5 do canal de sódio dependente da voltagem, activam o canal com um potencial de membrana mais negativo, levando a um aumento da permeabilidade da membrana ao sódio.

IV- A-3-Sintomas e tratamento em humanos

A intoxicação por ciguatoxina em peixes é caracterizada por uma associação de sintomas neurológicos, gastrointestinais e cardiovasculares que apresentam uma elevada variabilidade, podendo a intoxicação grave conduzir a mortes após insuficiência respiratória ou colapso (Marcaillou-Le Baut *et al.*, 2001).

O envenenamento por ciguatoxinas inicia-se com alterações gastrointestinais (após 2 horas), incluindo dor de cabeça, salivação, congestão facial e sintomas neurológicos como dormência da face, língua e extremidades (Pearce *et al.,* 1983). Na segunda fase, predominam os sintomas digestivos (dor abdominal, vómitos e diarreia), enquanto os sinais neurológicos são progressivos e incluem formigueiro, prurido e inversão da sensação térmica. Os sinais cardíacos em casos graves são apenas ocasionais e incluem batimentos cardíacos irregulares, bradicária, alteração completa da regulação cardíaca (Bourdeau e Bagnis 1989).

O tratamento dos sintomas gastrointestinais inclui espasmolíticos, medicamentos antidiarreicos, antieméticos e lavagem gástrica. Os sintomas neurológicos podem ser tratados com vitamina B, manitol e gluconato de cálcio, corticóides e medicamentos anti-histamínicos podem ser utilizados para o prurido. Os sinais cardiovasculares podem ser tratados com Atropina e analépticos cardiovasculares.

IV-B-Maitotoxinas

As maitotoxinas são outro grupo de toxinas produzidas por *Gambierdidcus toxicus, que* nunca foram isoladas da carne de peixes, mas apenas das vísceras de peixes herbívoros (Yasumoto *et al.*, 1984).

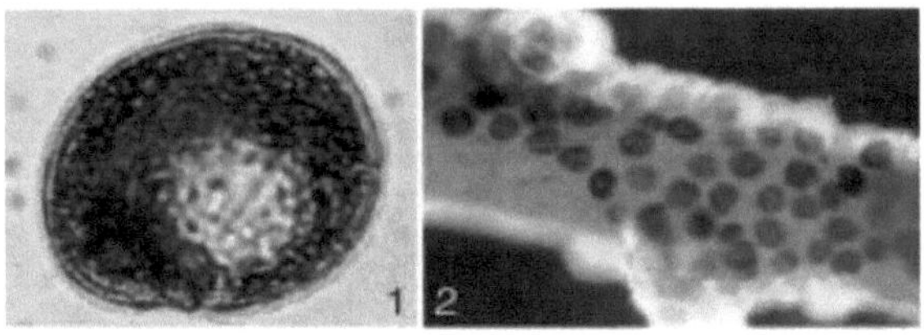

IV-B-1-Estrutura química

São poliéteres policíclicos altamente higroscópicos (2 grupos sulfatados estão ausentes), apesar da semelhança molecular com as ciguatoxinas, os seus efeitos são diferentes.

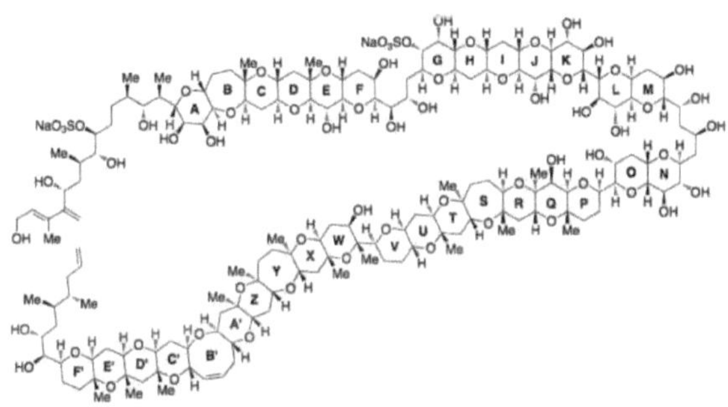

Maitotoxin

IV-B-2-Mecanismo de ação

As maitotoxinas não conseguem atravessar a membrana actos por hidrólise
celular, mas induzem o influxo de cálcio, aumentando a e consequentement
concentração citosólica de ca+2 e despolarizando e um

membranas neuroendócrinas, provocando um aumento da libertação de neurotransmissores e hormonas dependentes do Ca.

IV- B-3-Sintomas e tratamento em humanos

O envenenamento por maitotoxinas é caracterizado principalmente por sintomas neurológicos que incluem: dores musculares e articulares, aumento da transpiração, prurido e perceção térmica alterada. Os sintomas gastrointestinais são raros (Marcaillou-Le Baut et al., 2001).

V- Intoxicação diarreica por crustáceos e moluscos (DSP)

Trata-se de uma intoxicação ligeira por marisco com sintomas gastrointestinais rápidos, incluindo vómitos e diarreia, que geralmente desaparecem em 2-3 dias

V- 1- Estrutura química

Uma classe de toxinas poliéteres ácidas , constituída por pelo menos 8 congéneres, incluindo o composto parental, ÁCIDO OKADÁICO, DTX-1, DTX-2, pensa-se que os outros congéneres são precursores ou metabolitos de moluscos das toxinas activas.

As toxinas diarreicas incluem várias toxinas: dinofisistoxinas (o principal composto é o ácido ocadaico, OA), pectinotoxinas (PTX) e yessotoxinas (YTX), que são agrupadas devido às suas caraterísticas físico-químicas, embora os seus efeitos biológicos sejam completamente diferentes.

V- 1-A- Ácido Okadaico (OA)

O ácido ocadaico é um poliéter cíclico lipossolúvel com uma função carboxílica. Existem vários derivados do ácido ocadaico que resultam da modificação da estrutura do ácido ocadaico (Van Egmond *et al.,* 2004).

DTX1 =é um derivado metílico

DTX2 =é um isómero de OA

DTX3 =acetilado OA (éster acílico, pode ser um derivado metabólico).

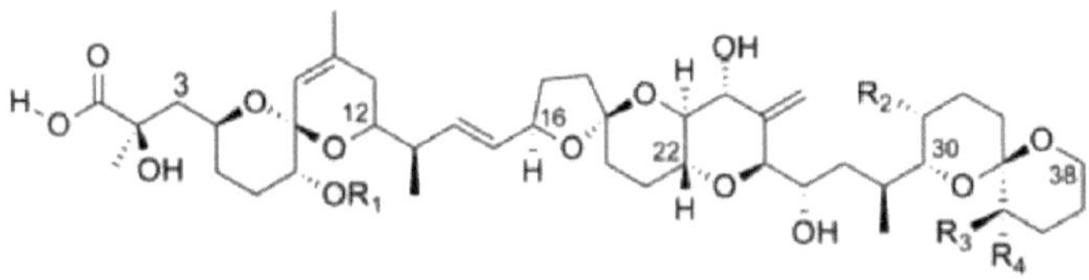

OA: R_1=H R_2=CH_3 R_3=H R_4=H
DTX-1: R_1=H R_2=CH_3 R_3=CH_3 R_4=H
DTX-2: R_1=H R_2=H R_3=H R_4=CH_3
DTX-3: R_1=AGil R_2=CH_3 R_4=CH_3 R_4=H

V- 1-B- Pectenotoxina (PTXs)

A apoptose induzida pelas PTXs foi comprovada, tendo a PTX1 revelado danos no fígado após injeção intraperitonial em ratos. O PTX2 é o composto parental do grupo PTX com elevada taxa de mortalidade, induzindo a morte de artémia e atividade citotóxica contra várias linhas celulares humanas (Eaglesham et al., 2000). A oxidação sucessiva do substituinte em C_{18} que ocorre nas glândulas digestivas dos bivalves provoca uma redução da toxicidade das pectenotoxinas PTX.

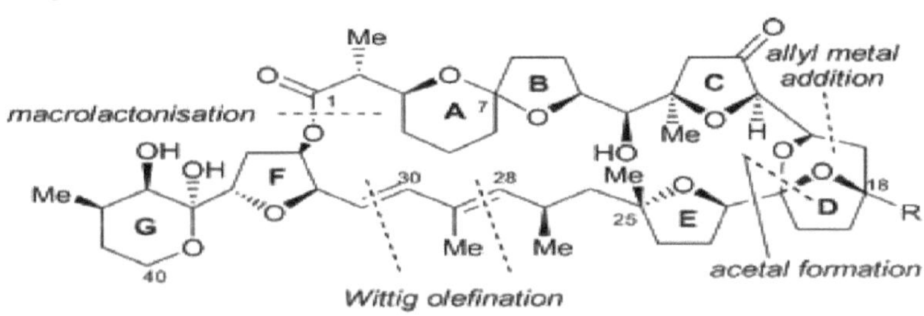

1: PTX1(7*R*, R=CH_2OH)
2: PTX2 (7*R*, R=Me)
3: PTX4 (7*S*, R=CH_2OH)
4: PTX6 (7*R*, R=COOH)
5: PTX7 (7*S*, R=COOH)

V-1-C-Yessotoxinas (YTXs)

Trata-se de compostos poliéteres sulfatados, tendo sido identificadas duas moléculas principais, a yessotoxina YTX e a 45 hidroxil yessotoxina. A YTX é a principal toxina dos mexilhões do mar Adriático, tendo sido registados outros homólogos: homo -YTX, 45- hidroxil homo-YTX, carboxi-YTX e adriatoxina (Ciminiello *et al.*, 200).

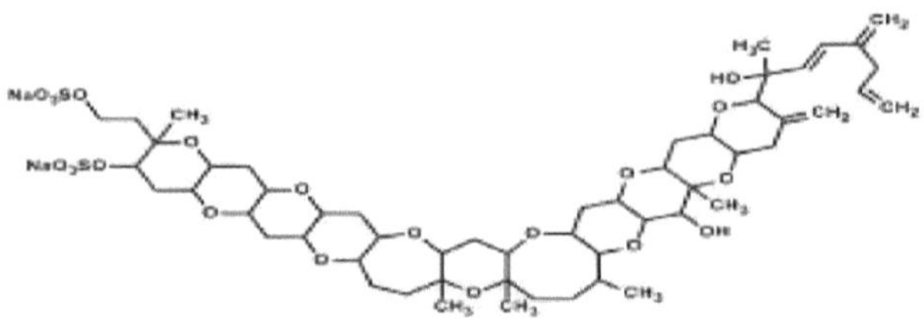

V- 2-Mecanismo de ação

Ácido V-2-A-Okadaik (OA)

É um inibidor das proteínas fosfatases (pp), induzindo a desfosforilação das proteínas pelas proteínas cinases (pk). A acumulação de proteínas fosforiladas leva à promoção de tumores e à contração dos pequenos músculos (responsável pela diarreia e pelas dores abdominais, que são alguns dos principais sintomas). O AO pode alterar a morfologia celular, induzir a apoptose, a morte celular e modificar a fisiologia celular.

V-2-B-Pectenotoxina PTXs

O PTX2 é o composto parental, tem efeito letal na artémia e efeito citotóxico em várias linhas celulares humanas.

V-2-C-Yessotoxinas

Não induzem a ativação dos canais de sódio, o aumento do Ca intracelular, a lesão cardíaca ligada à degeneração das células endoteliais capilares, as mitocôndrias e o inchaço das células cardíacas tornam estas toxinas mais semelhantes às maitotoxinas do que ao ácido domóico (Alfonso *et al.*, 2000, Puiseaux-Dao *et al.*, 2001)

V-3 -Sintomas e tratamento em humanos

O envenenamento ocorre após a ingestão de mexilhões contaminados com *Dynophisis spp.* e *Prorocentrum spp.* (mesmo com uma concentração baixa de 50 células/L).

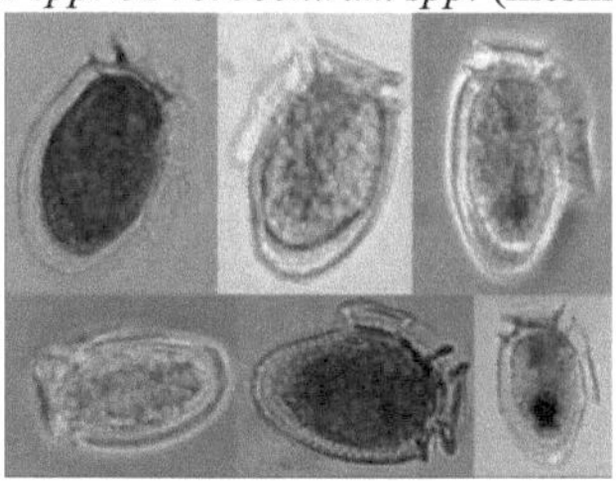

Dynophisis spp.

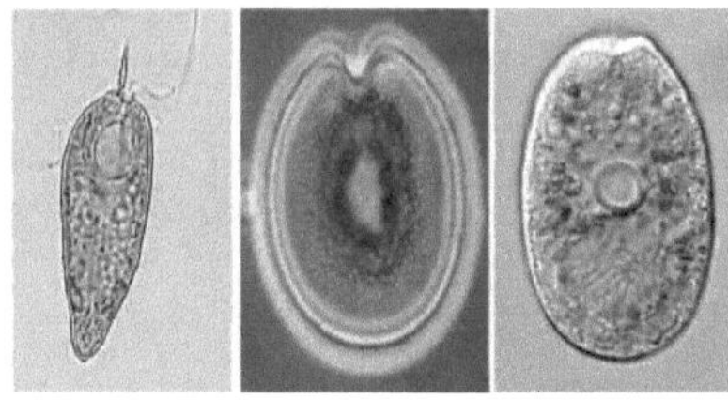

Prorocentrum spp.

ÁCIDO V-3-A-OCÁDICO

Após a ingestão de mexilhões contaminados (após 4 horas), surgem sintomas que incluem vómitos, diarreia e dores abdominais, enquanto os sintomas neurológicos são raros. A recuperação é completa no prazo de 3 dias.

V-3-B-Pectenotoxinas

Os sintomas são náuseas, vómitos e diarreia e o tratamento é semelhante ao da DSP (Marcaillou-Le Baut *et al.*, 2001).

V-3 -C-YESSOTOXINAS

As yessotoxinas foram registadas em animais e não foram associadas a envenenamento humano.

NOVAS TOXINAS

Produzido por diferentes espécies de algas, quer dinoflagelados quer cianobactérias.
Estes incluem:

Azaspiracids

São moléculas de poliéteres policíclicos com 40 átomos de carbono e diferentes níveis de metilação com ácido carboxílico e uma função imina cíclica e uma estrutura cíclica única (Satake *et al.,1998)*. O organismo produtor é o *Protoperidinium crassipes*, tendo sido registadas intoxicações em seres humanos em França, Itália e Holanda, caracterizadas por sintomas semelhantes aos da DSP (diarreia, náuseas e vómitos) e recuperação em 3-5 dias. Em animais, foram observadas síndromes neurotóxicas, a morte ocorre em poucos minutos com doses mais elevadas.

São poliéteres macrocíclicos produzidos pelo *Alexandrium ostenfeldii, que* afectam o sistema nervoso central (Hu *et al.*,1995 a, 1995 b ,1996 a).

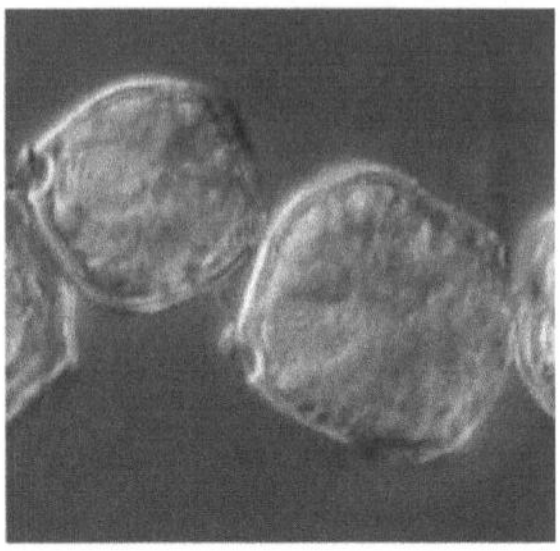

Alexandrium ostenfeldii

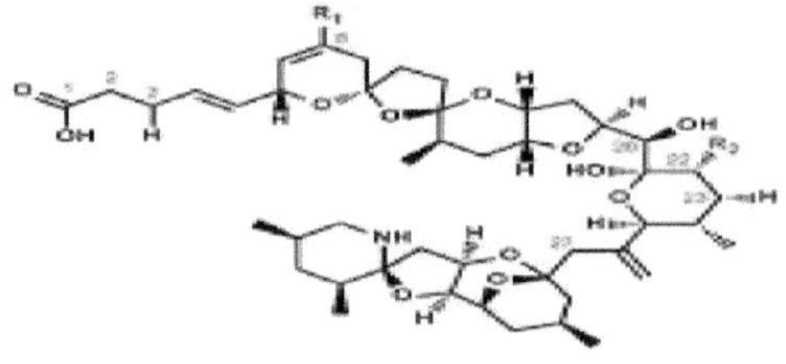

	R_1	R_2
Azaspiracid 1 (AZA1)	H	CH_3
Azaspiracid 2 (AZA2)	CH_3	CH_3
Azaspiracid 3 (AZA3)	H	H

Gimnodine

Trata-se de uma toxina ictiotóxica produzida pelo *Gymnodium mikimotoi.* Esta a toxina não é hemolítica, não é citotóxica e não ativa os canais iónicos.

Prorocentrolídeos / Prorocentrolídeos B

Os poliéteres macrocíclicos produzidos por *Prorocentrum lima* e *P. maculosum* , os prorocentrolídeos B são mais polares do que os OA . Não têm atividade inibidora sobre as fosfatases (Hu *et al.,* 1996b).

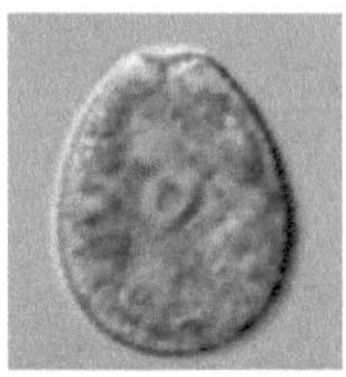

Prorocentrum lima

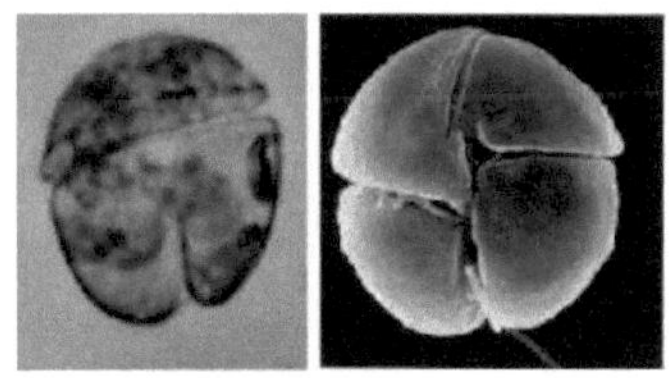

Gymnodium mikimotoi

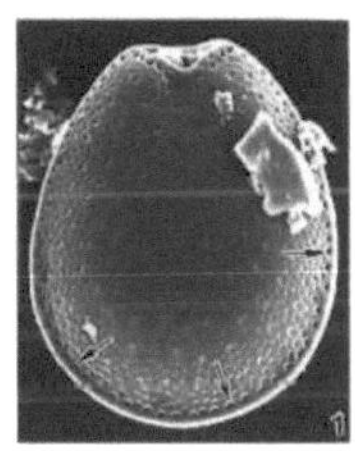

Prorocentrum maculosum

Cooliatoxina

Trata-se de um poliéter (análogo monossulfatado das yessotoxinas). É produzida pela *Coolia monotis*. A cooliatoxina afecta os animais e o seu efeito é semelhante ao da

yessotoxinas.

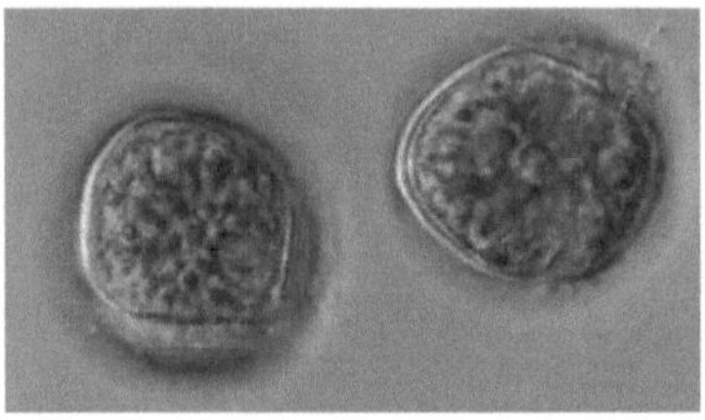

Coolia monotis

Zooxantelatoxinas

São poliéteres macrocíclicos produzidos por dinoflagelados simbióticos, *Symbiodinium*. Os seus efeitos celulares são semelhantes aos das maitotoxinas e são controlados pelo cálcio extracelular.

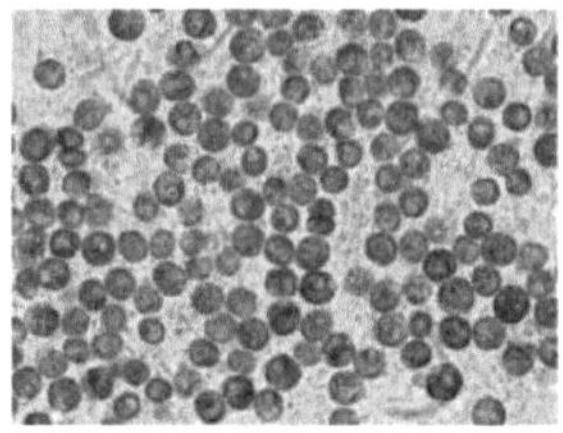

Symbiodinium sp.

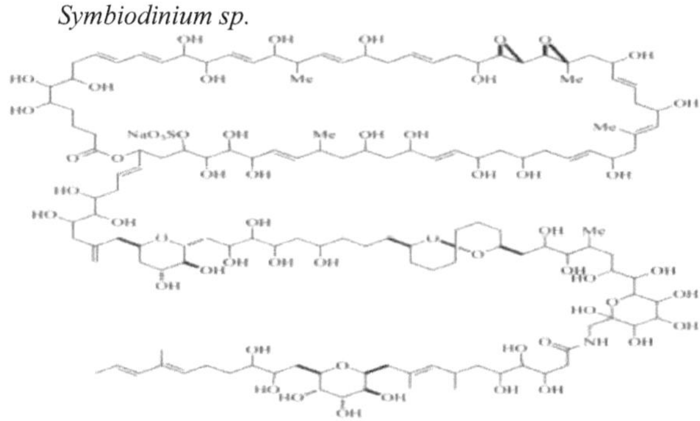

13 (Zooxanthellatoxin-A)

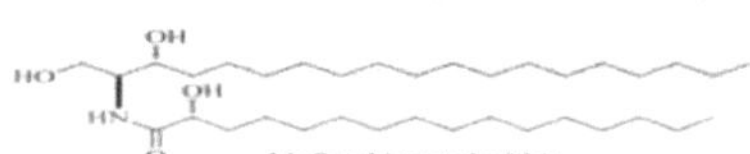

14 (Symbioramide-C16)

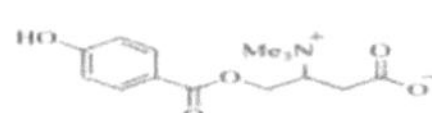

15 (Zooxanthellabetaine-A)

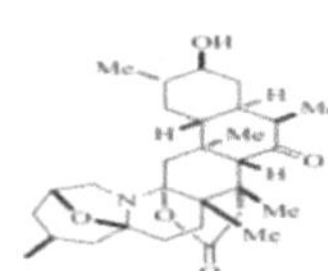

16 (Zooxanthellamine)

Lyngbyatoxinas e Aplysiatoxina

Produzidas pela cianobactéria marinha *Lyngbya, as toxinas* causam efeitos agudos na saúde dos seres humanos, os sintomas incluem dermatite com comichão, erupção cutânea, bolhas ardentes e irritação respiratória.

Foram isoladas duas toxinas de *Lyngbya majuscula:* a lyngbyatoxina A (LA).

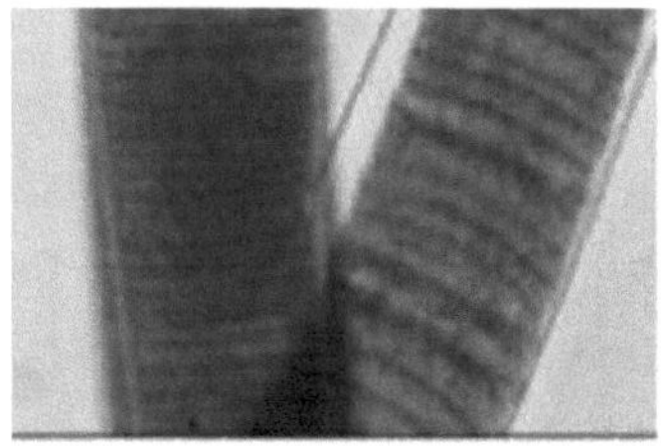

Lyngbya majuscula

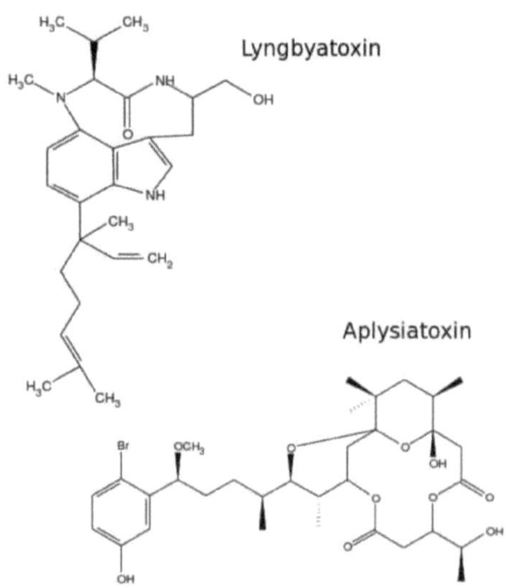

Debromoaplysiatoxina (DAT) e Aplysiatoxina (AP) .

O LA foi encontrado na carne das tartarugas marinhas que consomem a alga, os sintomas incluem inflamação da área oral e esofágica, dificuldade em engolir, gastrite aguda, pápula da língua, úlceras na boca, dor de cabeça, febre e salivação.

A aplysiatoxina causa hipersecreção de muco do ceco e do intestino grosso, hemorragia do intestino delgado e morte. Esta toxina é promotora de tumores, uma vez que ativa a proteína quinase (Ito e Nagai 2000).

Carcharotoxina

A intoxicação humana deve-se ao consumo de carne de tubarão, que pode conter mais do que uma toxina, incluindo a ciguatoxina. Apresenta sintomas neurológicos, sendo raros os sintomas gastroentéricos.

Palitoxinas

É uma molécula complexa polihidroxilada, produzida pelo dinoflagelado *Ostreopsis spp.* Foi encontrada nas vísceras de peixes tóxicos como sardinhas, arenques, anchovas que consomem estas algas, e isolada de alguns invertebrados marinhos como caranguejos, anémonas (Puiseaux-Dao *et al.*,2001).

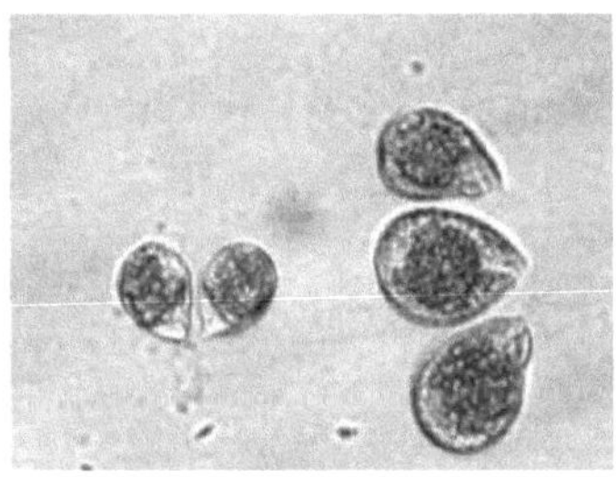

Ostreopsis spp

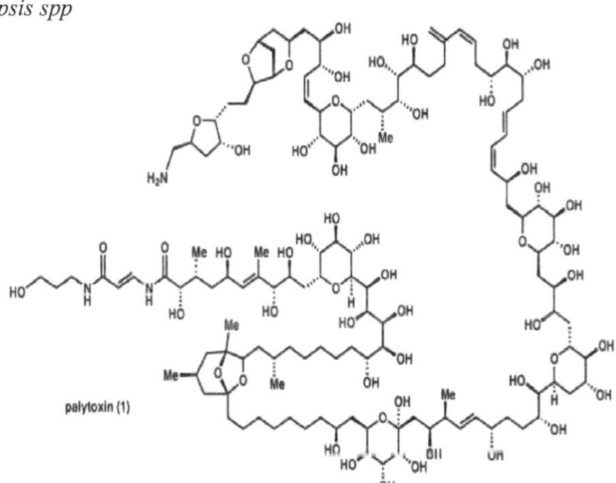

palytoxin (1)

REFERÊNCIAS

1- **Van Dolah F M. (2000):** Marine Algal Toxins: Origins, Health Effects, and Their Increased Occurrence, *Environ .Health Perspect* 108 : 133-141.

2- **Amzil z., Vernous J P. e Pottier I. (2001)**: Les principales classes de phycotoxins , In : Toxins D'algues dans l'alimentation ,J M. Fremy and P.Lassus, I Fremer, pp. 159-188 .

3- **Andrinolo D., Michea L. F. e Lagos N. (1999):** Efeitos tóxicos. Farmacocinética e depuração da Saxitoxina, um componente do veneno paralisante de moluscos (PSP) em gatos, Toxicon 37: 447-464.

4- Yu F H., e Catterall W A ., (2004): The Vgl-Chanome : A Protein Superfamily specialized for Electrical Signaling and Ionic Homeostasis ,Sci STKE 253-:re 15 .

5- Puiseaux-Dao S., Molgo J., Benoit E., Fessard V., Puech L. e Ten-Hage L., (2001): Toxicologie in : Toxins D algues Dans Lalimentation ,J M .,Fremy and P. Lassus IFremer ,pp.302-367 .

6- Forcada J., Hammond P.S. e Aguilar A., (1999): Status of the Mediterranean Monachus Monachus in the western Sahara and the Implications of a Mass Mortality Event ,*Mar. Ecol. Prog. Ser.* 188: 249- 261.

7- Van DolahF M., Doucette G J. , Gulland F M D., Rowlesand TL. E Bossart G D. (2003): Impact of Algal Toxins on Marine Mammals , in :Toxicology of Marine Mammals ,J G .Vos, G D . Bossart M. Fornier and T J O.Shea ,Taylor & Francis London, New York, pp.247-269 .

8- Nisbet I C. (1983): Paralytic Shellfish Poisoning: Effects on Breeding Terns ,condor 85 : 338 -345 .

9- Lin Y Y., Risk M., Roy S M., Van Engen D., Clardy J ., Golik J., James J.C., e Nakanishi k. (1981): Isolamento e estrutura da Brevetoxina B do Dinoflagelado da Maré Vermelha *Ptychodiscus Brevis (Gymnodinium Breve)* . Jornal da Sociedade Americana de Química 103: 6773 -6775.

10- Jeglitsch G., Rein K., Baden D G. e Adams D J. (1998): Brevetoxina-3 (Pbtx-3) e seus derivados modulam *os canais de sódio* sensíveis à tetrodotoxina *nos neurónios sensoriais do rato , J Pharmacol Exp Ther 284 :516-525*

11- Meunier FA., Colasante C. e Molgo J. (1997): Sodium- dependent Increase in quantal Secretion by Brevetoxin-3 in ca+2- Free Medium is Associated with Depletion of synaptic vesicles and swelling of Motor Nerve Terminals in situ, Neuroscience 78 : 883-893 .

12- Marcaillou -Le Baut C., Krys S. e Bourdeau P. (2001): Syndromes Observes Et Donnees Epidemiologiques in : Toxins Dalgues dans L "alimentation ,J M., Fremy and P.Lassus, IFremer, pp. 371-399.

13- Bossart G D ., Baden D G ., Ewing R Y., Roberts B. e Wright S D. (1998): Brevetoxicosis in Manatees (*Trichechus Manatus* Latirostris) from the 1996 Epizootic : Gross ,Histologic and Immunohistochemical features ,Toxicol Pathol .26 : 276-282 .

14- Debonnel G., Weiss M. e de Montigny C. (1989): Efeito Neuroexcitatório Reduzido do Ácido Domóico após a Desnervação da Fibra Musgosa do Hipocampo Dorsal do Rato: Mais

Evidências de que a toxicidade do Ácido Domóico envolve a Ativação do Recetor de Kainato. Pharmacol. , 67 : 904-908.

15- Work T M., Barre B., Beale A M., Fritz I., Quilliam M A., e Wright J L C. (1993): Epidemiology of Domoic Acid Poisoning in Brown Pelcans (Pelecanus occidentalis) and Brandts Cormorants (Phalacrocorax penicillatus) in California .J . Zoo. Wild Med., 24: 54-62.

16- Pearce R., Hines J R C., Burns T. W. e Clarc C. E. (1983): Ciguatera (envenenamento por peixes) . South Med .J .76: 560-561.

17- Bourdeau P . e Bagnis R . (1989): Factores de risco de Ciguatera nas Índias Ocidentais Francesas em Saint-Barthelemy ,Saint-Martin e Anguilla , Rev. Elev. Pays Trop. ,42 : 393-410

18- Yasumodo T. , Raj U. e Bagnis R. , (1984): Laboratório de Higiene Alimentar, Faculdade de Agricultura, Universidade de Tohoku, Tohoku, 74 pp. (1984): Intoxicação por marisco em regiões tropicais.

19- Ciminiello P., Fattorusso E., Forino M., Poletti R. e Viviani R. (2000): A New Analogue of Yessotoxin .Carboxyyessotoxin , isolated from Adriatic Sea Mussels ,European Journal of Organic Chemistry ,2000 : 291-295 .

20- Alfonso A. , De La Rosa L. A., Vieytes M. R. ,e Botama L.. M. (2000) : Yessotoxin : Uma nova e poderosa ferramenta para o estudo da transdução de sinais em : Proc . 9th International conference on Harmful Algae Blooms Hab 2000" .7-11 fevereiro 2000 . Hobart, Austrália.

21- Satake M., Ofuji K., James K. J., Furey A. e Yasumoto, T. (1998): New Toxic Event caused by Irish Mussels In: Proc. 8th Int. Conf. Algas Nocivas . Reguera B . B lanco J., Fernandez M. e T. Wyatt, Xunta de Galicia - IOC/Unesco. Vigo, Espanha, p 468-469.

22- Hu T., Curtis J. M., Oshima Y. ,Quilliam M.A. ,Walter J. A., Watson-Wright W. M. e Wright J.L.C. (1995a): Spirolides A e B . Two Novel M acrocycles Isolated from the Digestive Glands of Shellfish. J. Chem . Soci. Chemical Communications : 2159-2161.

23- Hu T. ,Curtis J. M. ,Walter J A ., McLacklan J . L., e Wright J.I. C. (1995b): Dois novos derivados de toxina DSP solúveis em água do dinoflagelado *Prorocentrum Maculosum*: possíveis produtos de armazenamento e excreção. Tetrahedron Letters 36 :9273-9276 .

24- Hu T. ,Curtis J. M., Walter J. A., e Wright J. L. C. (1996): Characterization of Biologically inactive Spirolides E &F : Identification of the Spirolide Pharmacophore . Tetrahedron letters 37: 7671-7674.

25- Ito E . e Nagai H . (2000): Hemorragia do intestino delgado causada por Aplysiatoxin , o agente causador do envenenamento pela alga vermelha *Gracilaria coronopifolia* .Toxicon 38 : 123-132 .

26- Hu. T., Defreitas A. S. W., Curtis J. M.,Oshima Y., Walter J. A. e Wright J. L.,(1996b): Isolamento e estrutura do Prorocentrolide B , uma toxina de ação rápida do *Prorocentrum Maculosum* . J.Nat.Prod . 59 : 1010-1014 .

Métodos de estimativa quantitativa de toxinas de algas

A floração da água é induzida pela produção em massa de algumas espécies de algas na maioria das massas de água eutróficas. Na água doce, é causada principalmente por cianobactérias, enquanto na água do mar, é devida à produção em massa de alguns membros de dinoflagelados e diatomáceas (chamadas marés vermelhas).

Os métodos de deteção e de determinação quantitativa das toxinas das algas dependem do tipo e da natureza da toxina, pelo que se trata separadamente das toxinas das cianobactérias de água doce e das toxinas da água do mar das marés vermelhas.

Métodos de deteção e determinação de toxinas de cianobactérias (toxinas de água doce):

Os métodos podem ser divididos em 3 grupos (Carmichael, 1997):

1 -Métodos físico-químicos utilizados para a identificação da natureza química dos compostos tóxicos purificados por meio de UV, espetro de IV, cromatografia, eletroforese de alta tensão, ressonância de spin eletrónico,

2- Reacções enzimáticas e imunológicas para deteção e estimativa quantitativa de toxinas na água e no meio biológico (determinação das toxinas por atividade da colinesterase, tripsina, método ELISA).

3- Toxicidade - métodos biológicos (determinação da toxicidade aguda em animais de sangue quente)

animais e hidróbios utilizando órgãos e mitocôndrias, cultura de tecidos e outros métodos).

Natureza química das toxinas de cianobactérias utilizadas na reação enzimática

As toxinas de cianobactérias isoladas de populações naturais são utilizadas para métodos bioquímicos. As toxinas são material branco, cristalino, solúvel em água e em solventes orgânicos (como etanol, butanol ou metanol), mas as toxinas nestes solventes são muito difíceis de cristalizar, não têm cor, nem cheiro, são opticamente transparentes e resistem à ebulição e à autoclavagem.

Utilizando a cromatografia em camada fina (silufol UV 254), a toxina tem 5-7 manchas caraterísticas com RF: 0,12, 0,24, 0,43, 0,56, 0,73, 0,93, 1,14, quando se utiliza a fase móvel: isobutanol: ácido acético: água em proporções de 60: 2: 40.

Utilizando a separação electroforética da toxina por tampão borato a PH 8,4, 600 V e 20 mA durante 4 horas, são registadas 5 fracções.

Na hidrólise das toxinas por enzimas proteolíticas, são detectados 16 aminoácidos (leucina, fenilalanina, valina, metionina, tirosina, prolina, alanina, treonina, ácido glutâmico, glicina, serina, ácido aspártico, arginina, hestidina, lisina).

A toxina de cianobactérias na água tem absorção máxima nas áreas UV (187, 189, 192, 193 nm) e nas áreas IR, tem absorção máxima a 2950, 2850, 1412, 730 e 680 s/m.

Utilizando a eletroforese de disco em gel de poliacrilamida, a toxina de cianobactérias é fraccionada em 6 componentes nas zonas 0.09, 0.12, 0.17, 0.25, 0.44, 0. 80

Princípios da reação modelo utilizando a inibição da colinesterase

O modelo de reação *in vitro* baseia-se nos dados do método experimental obtido por Martin e Chatterjee 1969, Sirenko *et al.,1975* e modificado por Kirpenko *et al.,* 1976, Sirenko *et al.,* 1997 relativamente à inibição da acetilcolinesterase por toxinas de algas.

Este método é utilizado para a estimativa qualitativa e quantitativa da toxina em células de algas, bem como na água. A reação baseia-se no facto de a colinesterase interagir com a acetilcolina ou butirilcolina como substrato e decompô-la em colina e ácido acético ou butírico da seguinte forma:

colinesterase

HO(CH3)3 N+ CH2CH2OOCCH2 ---acetilcolina

HOCH2CH2N^{+} (CH3)3OH' + CH3COOH (ácido acético) ou CH3CH2CH2COOH colina (ácido butérico).

A reação leva à alteração do pH, que é indicada pelo indicador bromotimol ou pelo medidor de pH. A quantidade de toxina na amostra de água pode ser determinada utilizando a enzima colinesterase de atividade conhecida e uma quantidade fixa de acetilcolina, formando uma curva de calibração. Este método tem uma grande sensibilidade para a determinação de toxinas em amostras experimentais, mesmo em condições de campo (Sirenko *et al.,* 1975).

Determinação da toxina na amostra de água:

As amostras de água são recolhidas de reservatórios ou de estações de purificação de água (0,5 L), em recipientes de vidro, rotulados com indicações do dia e do local de amostragem. As amostras devem ser analisadas no prazo de 10 a 12 horas após a colheita ou conservadas no frigorífico a 4 °C durante um período não superior a 2 a 3 dias, durante o qual devem ser analisadas.

REAGENTES NECESSÁRIOS

1-Solução padronizada de colinesterase em tampão borato: dissolver 0,5 g de bórax [$Na_2B_4O_7$], 0,65 g de ácido bórico [H_3BO_3] e 0,02 g de colinesterase em 1 litro de água.

A unidade de atividade enzimática (U) é considerada igual à sua quantidade que catalisa a transformação de 1 *//M* de substrato durante 1 min. a 25°C sob um valor ótimo de PH e concentração de substrato, 25ml de colinesterase com conc. (1,5, 0,5, 0,2, 0,09, 0,07, 0,05, 0,03, 0,1 mg/ml) são adicionados à reação (a 25 °C), o pH do meio de cultura é aumentado para 8,5 com NaOH 0,1 N e, em seguida, adiciona-se 1 ml de solução de butirilcoliniodeto à mistura.

Se o PH da reação diminuir para 8,0, é necessário adicionar NaOH 0,1 N até o PH atingir 8,1. O método de determinação da atividade inicial da colinesterase baseia-se na titulação com ácido butírico, que se desenvolve após a hidrólise do colineiodeto de butiril a 25°C e pH 8,0.

O teor de colinesterase é determinado por unidades internacionais a partir da seguinte equação:

$$A = \frac{Pi}{t\text{-}P2} \quad \text{em que;}$$

P_1 = Quantidade de butirilcolineiodeto que foi hidrolisada (*pM*)

t = Tempo em minutos

P_2 = Quantidade de colinesterase utilizada (mg)

Determina-se que 1 ml de NaOH 0,i N representa a hidrólise de 100 *u* M de butirilcolineiodeto, o valor de P_2 pode ser deduzido a partir da concentração (mg/ml) e do volume de colinesterase utilizado (24 ml de solução salina) para uma determinação, do seguinte modo

$$P_2 = \frac{100\text{-}K}{C\text{-}24} \quad \text{em que ;}$$

K = fator de correção do título de NaOH 0,1 N

C = concentração de colinesterase (mg / ml)

- A acetilcolina é preparada dissolvendo 0,1 grama em 100 ml de água destilada e mantendo-a no frigorífico.

- O indicador solúvel azul de bromo e timol é preparado dissolvendo 0,2 g em 100 ml de água destilada imediatamente antes da utilização.

Corante padrão para espetrofotómetro (solução-mãe): Dissolver um grama de cobre acetinado ($Cu(CH_3COO)_2$) em 19 ml de água destilada, aquecendo (4050 °C), adicionar 2,5 ml de $KMnO_4$ 0,1 N e 1 ml de etanol. É necessária uma agitação contínua da mistura, num banho de água (~ 50 °C) durante 15 minutos. Deixar a mistura durante 2 horas à temperatura ambiente para estabilizar a cor e, em seguida, mantê-la num recipiente fechado no escuro. No trabalho experimental, utiliza-se 1 ml de solução padrão misturado com 3,5 ml de água destilada como solução de trabalho.

- Iodeto de butirilcolina (recristalizado) - $C_9H_{20}NJ$
- Cloreto de magnésio ($MgCl_2$)- puro para análise
- Hidróxido de sódio - NaOH ,0,1N
- Potássio tetrabórico (bórax) -$K_2B_4O_7$ - puro para análise

- Ácido bórico - H_3BO_3 - puro para análise
- Água destilada
- Solução salina: 6 gramas de NaCl, 3 gramas de $MgCl_2$ e 0,1 gramas de bórax de potássio são dissolvidos num litro de água destilada.
- A solução de butirilcolineiodida em solução salina com uma concentração de 200 mg/ml (20%) é preparada antes da utilização, tal como referido por Malyarevskaya *et al.* (1986).
- Construção de uma curva de calibração para estimar a quantidade de toxina
- Para estimar a quantidade de toxina através da inibição da atividade da colinesterase utilizando um medidor de pH ou um espetrofotómetro, é necessário preparar uma curva de calibração utilizando uma série de concentrações de solução de toxina (de 0,1- 10-12) mg / ml após a diluição da solução inicial. Colocar 0,1- 0,5 ml de solução de toxina de diferentes concentrações num tubo de ensaio, ao qual adicionar 1-2 ml de solução de colinesterase em tampão borato de PH 8,3-8,4, incubar a mistura durante 10 min. a 37 °C, adicionar 0,1 ml de azul de bromo timol e 0,2 ml de solução de acetilcolina, incubar a mistura durante 20 min (no controlo, adicionar água destilada em vez de solução de toxina). Ler a densidade ótica a 680 nm por espetrofotómetro após a segunda incubação de 20 min.
- Subtraindo a densidade ótica ou o PH da solução de toxina experimental ao do controlo (que é sempre superior ao da toxina de algas). O diagrama de calibração é efectuado através da representação gráfica dos valores da densidade ótica (controlo - experiência) em função das concentrações da solução de toxina em pg/ ml (ou mg/ ml).
- O diagrama de calibração obtido é utilizado para a estimativa da concentração de toxinas na solução de algas investigada com base na sua densidade ótica ou nos índices de alteração do pH.

Estimativa qualitativa de toxinas de cianobactérias em águas naturais:

- Em tubo de ensaio (em triplicado), misturar 0,1-0,5 ml de amostra de água experimental com 1-2 ml de solução de colinesterase em tampão borato, incubar a 37 °C durante 20 minutos (no tubo de ensaio de controlo, adicionar água destilada em vez de amostra de água experimental), após incubação, adicionar 0,1 ml de indicador azul de bromo timol ao tubo de ensaio experimental, bem como 0,2 ml de acetilcolina, após um segundo período de incubação de 20 minutos,a densidade ótica da solução é determinada espectrofotometricamente a 680 nm.
- A estimativa da alteração da colinesterase é produzida pela subtração da densidade ótica

ou PH da solução experimental do valor de controlo (que é sempre superior ao da toxina de algas). Com base na curva de calibração, a quantidade de toxina na água é calculada pela fórmula:

$$T = \frac{a \times V}{V1 - V2} \text{ em que ,}$$

T = quantidade de toxina na amostra de água experimental (mg / ml).

a = quantidade de toxina na curva de calibração (mg) .

V= volume da amostra de água estudada (ml) .

V_1 = volume de água para a determinação da toxina (ml) .

V2 = volume total da mistura para a realização da reação (ml) .

Assim, a colinesterase é utilizada para a estimativa qualitativa e quantitativa da toxina na água. Para a estimativa quantitativa da toxina de cianobactérias acumulada nos tecidos de hidróbios e animais, o método acima mencionado não é adequado, pelo que os métodos imunológicos são mais perspectivados. Utilizando antissoro específico obtido por imunização com toxina em cobaias, podemos obter dados precisos sobre a concentração de toxina na água e em organismos biológicos

REFERÊNCIAS

1- **Carmichael W W. (1994):** As toxinas das cianobactérias - Scientific American 270 (1): 78-86.

2- **Carmichael W W . (1997):** As cianotoxinas ADV . In Botan Research 27 : 211-256 .

3- **Kirpenko Y. *et al.* (1996):** Métodos de determinação da toxina de cianobactérias. Patente da URSS, Kiev.

4- **Kirpenko Y. (1996)**: Compostos biologicamente activos de algas com ação antiblastómica e antimicrobiana. Tese de dissertação para obtenção do grau científico (Dr.h.c.). Especialmente em farmacologia, Kiev.

5- **Malyarevskaya a . *et al* . (1986):** Determinação da toxina de cianobactérias na água e nos peixes, diagnóstico de envenenamento de peixes durante a floração da água. Instituto de Hidrobiologia de Kiev NAS da Ucrânia.

6- **Martin D. e Chatterjee A. (1969):** Isolamento e caraterização de uma toxina dos organismos da maré vermelha da Flórida. Natureza 221 (5175): p.59.

7- **Sirenko I. e Kozitskaya V. (1988):** Substâncias biologicamente activas das algas e qualidade da água. Kiev: Naukova Dumka.

8- **Sirenko L.** *et al.* **(1975):** Métodos de fisiologia - investigações bioquímicas de algas na prática hidrobiológica. Kiev :Naukova Dumka .

9- **Sirenko L .** *et al* **. (1995):** Efeito dos metabolitos de algumas espécies de algas em culturas celulares de seres humanos e animais. Algologia 5 (1) 102-105.

10- **Sirenko L.** *et al.* **(1997):** Métodos de receção de compostos biológicos activos com ação antiblastómica, antimicrobiana e neurotrópica. Patente da Ucrânia, Kiev.

Técnicas de PCR (como ferramentas de diagnóstico) para a identificação e estimativa de espécies tóxicas de fitoplâncton marinho

São necessários métodos qualitativos e quantitativos baseados na PCR para a monitorização de espécies de proliferação de algas nocivas (HABs) em amostras de campo, evitando os métodos tradicionais demorados da microscopia. Os estudos filogenéticos utilizaram os genes ribossómicos (r RNA) que incluem enormes regiões não codificantes para conceber primers oligonucleotídicos e/ou sondas específicas para os microrganismos HAB a examinar (John *et al.,* 2005).

Os ensaios moleculares para a identificação dos taxa de fitoplâncton marinho tóxico estão estritamente relacionados com o nível de variabilidade genética dentro de uma espécie ou género e/ou um agrupamento fino entre populações dentro de uma espécie.

As espécies moleculares são definidas com base na divergência molecular ou nas mutações acumuladas entre indivíduos individuais ou grupos de indivíduos em regiões selecionadas codificantes ou não codificantes de genomas nucleares e/ou de organelos (Palumbi 1992,1994).

Nas regiões codificantes ou não codificantes do genoma nuclear, uma vez avaliado o nível de variação genética a que deve ser feita a discriminação potencial dos taxa (género, espécie, isolados tóxicos ou não tóxicos), podem ser selecionados e utilizados marcadores moleculares adequados no ensaio molecular. A escolha do marcador molecular nestes ensaios é de grande importância, uma vez que reflecte diferenças específicas de polimorfismo entre populações de uma espécie dentro da sua área geográfica. Os efeitos adversos das marés vermelhas incluem a produção de toxinas, a obstrução das brânquias dos peixes, a depleção de oxigénio com eventos de ipoxia ou anoxia e uma qualidade de água desagradável.

Deteção e monitorização de HABs

A proliferação de algas nocivas está a aumentar em todo o mundo, o que pode ser atribuído ao aumento da utilização das águas costeiras para a aquicultura, à eutrofização e/ou a condições climáticas invulgares.

Os métodos actuais dependem da microscopia, da análise de toxinas e de pigmentos, que consomem muito tempo, são celulares e são mais rápidos, mais específicos ao nível das espécies e das populações, podem exigir um nível de especialização menor nos procedimentos laboratoriais de rotina do que o necessário para discriminar as principais caraterísticas morfológicas indicativas das espécies de marés negras e podem ser aplicados no rastreio de numerosas amostras de campo (Medlin *et al,* 2006).

Extração de ácido nucleico

O ADN genómico de culturas clonais de microalgas e de amostras de campo é extraído e purificado utilizando uma variedade de kits comerciais de extração, como o dynabeads DNA Diret TM Kit (Dynal ,A.S. ,Oslo ,Norway), DNeasy plant KIT (Qiagen ,Valencia ,CA ,USA), Dinoflagellate isolation Kit (Diatheva ,Fano ,Italy).A eficiência da extração e purificação do ADN genómico de amostras de campo é relevante para o ensaio baseado na PCR quando as células-alvo se encontram em concentrações muito baixas. A eficiência está relacionada com o processo de lise do material celular e a purificação baseia-se na remoção de potenciais inibidores e na recuperação do ADN alvo.

Substâncias como polifenóis, polissacáridos, ácidos húmicos, argilas e metais pesados podem atuar como agentes inibidores da reação de PCR. Estas substâncias têm de ser eliminadas da amostra de água do mar durante a extração do ADN genómico, caso contrário a reação de PCR subsequente pode ser comprometida. Os efeitos dos inibidores na PCR podem ser reduzidos adicionando albumina de soro bovino (BSA) ou dimetilsulfóxido (DMSO) à PCR e, por vezes, é também útil diluir o modelo de ADN.

TÉCNICAS DE PCR

A técnica de amplificação por PCR é importante para a identificação e caraterização genética de microrganismos e de muitos taxa de espécies de fitoplâncton nocivas no ambiente marinho (Monis *et al,* 2005, Penna *et al.*, 2007).

Os primers são oligonucleótidos sintéticos curtos que variam entre 10-30 pb e contêm 40-60% de conteúdo G/C. Têm de ser complementares aos sítios-alvo no ADN modelo.

Para otimizar a conceção dos primers, é necessário prestar atenção ao seguinte:

1- Os primers devem ter G ou C ou CG ou GC no terminal 3" para aumentar a eficiência do primer.
2- As extremidades 3" dos primers não devem ser complementares para evitar a formação de dímeros de primers.
3- Deve ser evitado o cruzamento de dímeros entre os primers sense e antisense.

4- Os comprimentos óptimos dos iniciadores devem ser recomendados na gama de 18-22 pb para evitar a falta de bases ou erros durante a incorporação de dNTP.

5- Para a PCR padrão, o produto amplificado pode situar-se no intervalo de 100-500 pb.

6- Os primers podem estar localizados nas extremidades de 5" e 3" e, geralmente, sabe-se que a sequência próxima da extremidade de 3" apresenta maior confiança e é preferida porque é a extremidade do primer que é estendida pela DNA polimerase.

7- Os iniciadores têm de ser concebidos com elevada especificidade no gene alvo para evitar a homologia cruzada com outras sequências de ADN na mistura de PCR.

8- Deve ser evitada uma distribuição desequilibrada de domínios ricos em G/C e A/T nos iniciadores.

9- Auto-complementares, uma vez que deve ser evitada a formação de hairpins no interior dos primers (estruturas secundárias).

10-A temperatura de fusão (Ta) é a temperatura de fusão do iniciador da estabilidade do híbrido ADN-ADN. Uma Ta demasiado elevada conduz a uma hibridação insuficiente entre o iniciador e o modelo, resultando em quantidades reduzidas de produtos de PCR. Uma Ta demasiado baixa pode dar origem a produtos específicos causados por um elevado número de correspondências incorrectas.

11-A conceção dos primers é efectuada utilizando plataformas de software como oligo (www.Oligo.com), CLcbio (www.clcbio.com), primer (www.premierbiosoft.com/primerdesign/).

CONCEPÇÃO DE INICIADORES ESPECÍFICOS PARA AS TOXINAS DO FITOPLÂNCTON

Os genes ribossómicos podem abranger uma série de questões relacionadas com a caraterização da diversidade genética do fitoplâncton (John *et al.*, 2005).

Nos genes ribossómicos estão presentes regiões conservadas e variáveis; as regiões conservadas, como a SSU, são utilizadas preferencialmente para a discriminação acima do nível da espécie para fins de taxonomia e filogenia (Edvardsen et al., 2003), ao passo que as regiões moderadamente conservadas ou variáveis, como a LSU e a ITS, respetivamente, são utilizadas para a discriminação entre espécies para fins de taxonomia, filogenia e deteção (Penna et al., 2005a)

As regiões ITS1 e ITS2 de elevada variabilidade, juntamente com as sequências de ADN 5.8 S r mais conservadas, revelaram-se robustas entre géneros e espécies-alvo, permitindo a discriminação da variabilidade interespecífica em amostras ambientais que contêm populações mistas de fitoplâncton (Penna et al., 2007)

Um ensaio baseado na PCR de amostras naturais tem de incluir um controlo positivo que contenha o fragmento-alvo clonado do plasmídeo - específico do táxon - para testar se todos os reagentes estão a funcionar corretamente; um controlo negativo sem ADN adicionado para testar a potencial contaminação dos reagentes da PCR com ADN-modelo estranho e um controlo com uma quantidade conhecida de ADN plasmídeo adicionado juntamente com ADN de amostras de campo para avaliar a inibição da polimerase do ADN causada por contaminantes.

Os produtos da PCR são resolvidos num gel de agarose a 1,8% (w\v), num gel tampão TBE (Tris \ borato \ EDTA) a 0,5x e são visualizados através da coloração padrão com brometo de etídio sob luz UV, juntamente com um padrão de peso molecular.

Uma vez desenvolvido um ensaio, este deve ser avaliado utilizando o maior número possível de microrganismos relacionados, nas populações naturais da água do mar, para testar a especificidade.

A técnica baseada na PCR permitiu uma maior deteção positiva das espécies de fitoplâncton visadas numa amostra ambiental que continha uma população mista de fitoplâncton, mesmo com uma baixa concentração celular ou abaixo do limite de deteção da microscopia e quando o táxon visado não é um componente dominante da comunidade fitoplanctónica (Penna et al., 2007)

SEGURANÇA DO ENSAIO BASEADO EM PCR

A especificidade pode ser avaliada in vitro através da amplificação por PCR do ADN genómico, purificado a partir de estirpes clonais de microalgas não-alvo, juntamente com espécies-alvo de culturas clonais.

SENSIBILIDADE DO ENSAIO BASEADO NA PCR

A sensibilidade do ensaio PCR pode ser testada utilizando diluições em série de ADN genómico dos taxa de fitoplâncton alvo na presença de ADN de fundo da água do mar líquida e de ADN não relacionado na mistura. Além disso, a sensibilidade da PCR pode ser avaliada utilizando diluições em série de um plasmídeo que contenha a sequência-alvo dos taxa a examinar.

O ensaio PCR é geralmente suficientemente sensível para detetar 10 cópias de ADN plasmídico e 1pg de ADN genómico. A presença de ADN de fundo não afecta a sensibilidade do ensaio PCR.

PCR QUANTITATIVA EM TEMPO REAL

A PCR quantitativa em tempo real é um método muito sensível para detetar e quantificar várias espécies de fitoplâncton em amostras ambientais (Coyne et al., 2005). No ensaio de PCR em tempo real, um gene-alvo é amplificado com iniciadores específicos e a formação do produto é monitorizada após cada ciclo (em tempo real) através da medição de um sinal de fluorescência. A fluorescência pode ser gerada utilizando um corante fluorescente intercalante, como o SYBR Green, ou vários sistemas de sondas alternativos (Taqman @, balizas moleculares, etc.).

Se a eficiência da reação se mantiver constante, o aumento da fluorescência observado durante a reação será proporcional à quantidade inicial da molécula alvo.

Em princípio, a técnica de PCR em tempo real pode ser aplicada a qualquer espécie de fitoplâncton que disponha de dados sobre a sequência de ADN e que sejam informativos ao nível da espécie ou da estirpe, de modo a que possam ser concebidos iniciadores e \ ou sondas.

As principais vantagens da aplicação da PCR em tempo real na monitorização do fitoplâncton dizem respeito à especificidade, sensibilidade e aplicabilidade a amostras ambientais preservadas

REFERÊNCIAS

1-Coyen k. J., Handy S.M. .,Demir E.,Whereat E.B.,Hutchins D.A..,Portune K.J. ,Doblin M. A., and Cary S.C.(2005).Improved quantitative real-time PCR assays for enumeration of harmful algal species in field samples using an exogenous DNA reference standard . *limnol .oceanogr .methods* 3 :381-391 .

2- John U., Medlin L. K. e Groben R. (2005). Desenvolvimento de sondas Rrna específicas para distinguir entre clados geográficos da espécie Alexandrium tomarense comlex *j.plank .res .27:* 199-204 .

3- Medlin L. K., Metfies k., Mehl h., Wiltshire k. e Valentin k. (2006). Diversidade de plâncton picoeucariótico no local da série temporal de Helgoland, avaliada por três métodos moleculares. *microb.ccol* .52 :53-71 .

4- Monis P. T.,Giglio S.,Keegan A R.e Andrew Thompson R. C. (2005) .Tecnologias emergentes para a deteção e caraterização genética de protozoários parasitas . *trendsparasitol .21* :340-346 .

5- Palumbi S, R , (1992). Especiação marinha num pequeno local. *Tree* 7: 114-118.

6- Palumbi S.R.,(1994).Genetic divergence Reproductive isolation ,and marine speciation *.Ann .Rev.ecol. Syst* .25 :547 -572 .

3- Penna A. Garces E .,Vila M., Giacobbe M. G.,Fraga S., Luglie A .Bravo I..,Bertozzini E .and Vernesi C. (2005) .*Alexandrium catenella* (Dinoflagellates). Um ribótipo tóxico em expansão no mar Mediterrâneo NW .*biol.* 148 : 13-23 .

4- Penna A., Bertozzini E., Batocchi C., Giacobbe M. G., Galluzzi L., Garces E., Vila M., Luglie A. e Magnani M. (2007), Monitorização de espécies HAB no mar Mediterrâneo através de técnicas moleculares. *J. Plank. Res .29 :19- 38.*

5- Edvardsen B., Shalchian-Tabrizi K., Jakobsen K.S., Medlin L. K.,Dahl E.,Brubak s., and Paasche E. (2003) .Genetic variability and molecular phylogeny of *Dinophysis* species (Dinoflagellates) from Norwegian waters inferredred from single cell analysis of rDN *Jphycol. 39 :* 395-408 .

Outros compostos bioactivos de algas

Enzimas produtoras de algas

As enzimas são proteínas que actuam como catalisadores para aumentar a velocidade de reacções lentas sem sofrerem qualquer alteração líquida na sua estrutura. São catalisadores eficientes, específicos e selectivos que medeiam todas as reacções de síntese e de degradação levadas a cabo pelos organismos vivos.

As enzimas funcionam em condições de processamento suaves de temperatura, pH e pressão. As elevadas velocidades de reação e a regulação catalítica direta alcançadas nas reacções catalisadas por enzimas permitem um aumento da produtividade.

Todas as enzimas contêm uma espinha dorsal proteica. Em algumas enzimas, este é o único componente das estruturas. No entanto, estão normalmente presentes outras moléculas não proteicas que podem ou não participar na atividade catalítica da enzima. Os grupos de hidratos de carbono ligados covalentemente são caraterísticas estruturais comuns que, frequentemente, não têm uma relação direta com a atividade catalítica, embora possam afetar a estabilidade e a solubilidade de uma enzima. Outros factores que se encontram frequentemente são os iões metálicos (cofactores) e as substâncias orgânicas de baixo peso molecular (coenzimas), que podem estar ligados de forma frouxa ou apertada por forças não covalentes ou covalentes.

As enzimas são classificadas de acordo com o relatório de um Comité de Nomenclatura nomeado pela União Internacional de Bioquímica (1984). Cada enzima tem um nome recomendado e um número distintivo de 4 partes.

A célula, sendo a unidade estrutural básica dos organismos vivos, é uma pequena fábrica maravilhosamente complexa, na qual um grande número de reacções químicas ocorrem em simultâneo.

Caraterísticas gerais das enzimas

1 -Eles são activos em pequenas quantidades, em reacções bioquímicas, para converter uma grande quantidade de substâncias em produtos.

2- Não são afectados pela reação que catalisam.

3- São de natureza proteica, contendo C,H,N,O, com elevado peso molecular e atitude coloidal.

4- Os produtos finais da reação não são afectados pela enzima.

5- As enzimas apresentam especificidade para as reacções que catalisam.

6- A enzima não é consumida na reação, mas libertada para uma nova reação com outra molécula de substrato, podendo este processo ser repetido

até que todas as moléculas de substrato disponíveis sejam consumidas e se atinja o equilíbrio.

7- As enzimas são altamente afectadas pela mudança de temperatura, pH, iões de metais pesados como Pb, Hg, Ag...,. São desnaturadas, precipitadas pelo etanol ou por concentrações elevadas de sais inorgânicos.

8- Existem sítios activos na superfície da enzima com elevada afinidade química para o substrato, as enzimas intracelulares têm mais do que um sítio ativo/molécula, enquanto as enzimas extracelulares têm apenas um sítio ativo.

9- As enzimas são proteínas biologicamente activas que são sintetizadas no interior das células. Aceleram todas as reacções bioquímicas que ocorrem nos sistemas biológicos sem aparecerem nos produtos finais.

Enzima + substrato ---------------------------Complexo enzima-substrato

--------------------- ► Enzima + produto

Distribuição das enzimas

Estão presentes no interior do protoplasma; livremente no citoplasma ou em compartimentos como os Cloroplastos (fotossíntese), Mitocôndrias (respiração), núcleo (divisão), lisossomas (digestão).

Todas as enzimas são inicialmente produzidas nas células, algumas são secretadas através da parede celular e funcionam no ambiente, como em muitos microorganismos e plantas insectívoras. Estas são conhecidas como extracelulares ou exoenzimas, como a pectinase e a celulase, que destroem a parede celular das plantas superiores em que parasitam, e as plantas insectívoras excretam proteases que hidrolisam as proteínas dos insectos capturados.

O segundo tipo de enzimas permanece no interior da célula, intracelular ou endoenzimas, que se ocupam das vias e reacções metabólicas, capazes de acelerar as reacções químicas associadas aos processos vitais, pelo que não há vida sem enzimas.

Especificidade das enzimas

As enzimas apresentam um maior grau de especificidade em relação à natureza do substrato sobre o qual actuam. A especificidade de uma enzima é determinada pelo(s) grupo(s) funcional(ais) do substrato, pelos grupos funcionais da enzima e pelos seus cofactores

.

Nomenclatura das enzimas

As enzimas são designadas de acordo com o substrato sobre o qual actuam, acrescentando o sufixo - **ase** ao nome do substrato, como **a lipase** que actua sobre a ligação éster dos lípidos, **a amilase** que actua sobre a ligação glicosídica da amilose. A primeira parte designa o substrato ou o produto da reação (como a urease), a segunda parte designa o tipo de reação que catalisa (oxidases, hidrolases).

Classificação das Enzimas

As enzimas estão divididas em 6 classes principais e cada classe é subdividida em subclasses, e cada enzima tem um número de código sistemático, composto por 4 números e sub-subclasses, como 2.1.3.4. O primeiro número especifica o grupo principal, o segundo e o terceiro correspondem à subclasse e sub-subclasse específicas da enzima e o número final representa a listagem em série da enzima na sub-subclasse.

1- **Hidrolases (enzimas hidrolíticas) :**

Actua através da adição de uma molécula de H_2O para quebrar uma ligação química.

Reacções reversíveis:

Todas as enzimas digestivas: amilases - lipases -pepsina - tripsina Fosforilases (adição de PO_4 em vez de H_2O).

Subclasses :

a-Carboidrases

b-Esterases

c-Fosforilases

d-Amidases

e-Proteases

2- **Oxidoredutases (enzimas** envolvidas em reacções de oxidação-redução) .

Actuam por reacções de transferência de electrões (como em Fe(2Fe3 + e)

Ao adicionar O_2, o agente redutor doa electrões e torna-se oxidado no processo.

Remoção de H_2

Não reversível

Metaloproteínas : enzimas conjugadas (proteína + metal)

a-Oxidases: aeróbias, principalmente em plantas, em reacções biológicas por remoção de H_2 ou de electrões do substrato para o oxigénio com formação de H_2O. (Citocromo oxidase, Tirosinase, Catecol oxidase, ácido ascórbico oxidase, lipoxigenases).

b-Peroxidases **(PODs , EC 1.11.1.7)** como ascorbato peroxidase, APX .

c-Catalases (CAT, EC 1.11.1.6)

d-Dehidrogenases

Só podem atuar na presença de um dador de H_2 e de um aceitador de H_2 e de coenzimas como o NAD ou o FAD (o átomo de H_2 é constituído por um protão + um eletrão). Ocorre em condições aeróbias e anaeróbias.

3- **Transferases :**

Transferem um grupo funcional de átomo de uma molécula para outra ou de uma posição para outra na mesma molécula formando um novo produto (grupo $PO_{(4)}$- amino-metil).

Transfosfatase \Transaminase

4- **Isomerases** : catalisam alterações intramoleculares numa molécula de substrato, em que um composto é transformado num isómero (um composto com os mesmos átomos mas com uma estrutura molecular diferente).

5- **Liases**: actuam sobre a ligação C-C .

6- **Ligases (sintetases)**: o alongamento da cadeia C-C que liga duas moléculas está associado à quebra da ligação pirofosfato do ATP, que forma ligações C-O.

EXECUÇÃO DE ENZIMAS DIGESTIVAS POR MICRORGANISMOS

As substâncias orgânicas de elevado peso molecular, como o amido e as proteínas, são hidrolisadas por enzimas hidrolíticas em compostos mais simples que penetram na membrana protoplasmática. Estas enzimas são excretadas por microrganismos e plantas insectívoras no meio circundante.

1- **Amilase**

amilase

Amido ► dextrinas

Glicogénio ---------------^glucose ou maltose

Fora da célula dentro da célula

2- **Celulase**

3- **Chitinase** hidrolisa a quitina

4- **Pectinase** para hidrólise da pectina

5- **Enzimas proteolíticas**

polipéptidos

Proteínas ----------------► aminoácidos (hidrólise da ligação peptídica).

6- **Gelatinase**: hidrólise da gelatina.

Produção de enzimas por diferentes espécies de algas

A produção de uma grande variedade de substâncias extracelulares pelas algas é bem conhecida. Estas substâncias libertadas desempenham frequentemente papéis importantes no crescimento e na fisiologia das algas, bem como nas cadeias alimentares e nos ecossistemas aquáticos (Fogg 1971).

As algas podem libertar hidratos de carbono, substâncias azotadas, ácidos orgânicos, compostos fenólicos, lípidos, vitaminas, enzimas, inibidores de crescimento, estimuladores e toxinas.

As várias espécies de algas produzem enzimas diferentes:

Hidrolases: hidrolisam a sacarose, o amido e são produzidas por membros das Chrysophyceae (*como Ochromonas variabilis*) e por algas do solo que podem produzir a enzima glutaminase que hidrolisa a glutamina extracelularmente *(Monodus subterraneus*, um membro das xantofíceas)

As celulases são segregadas por várias algas para digerir a membrana e a parede celular quando os autósporos são libertados (*Scenedesmus obliquus* , *Chlamydomonas reinhardtii*).

Fosfatases: são produzidas por uma espécie de Chrysophycean (*Ochromona danica*) .

Proteolases : são enzimas libertadas pela diatomácea incolor *Nitzchia putrid* (Pringsheim 1951 ,Burczyk et al . ,1970 ,Cloes 1971) .

As fenolases, (EC.1.10.3.1) catecol oxidase ,O. difenol : O2 Oxidoreductase , ocorreram na alga verde marinha *Monostroma fuscum* (Tocher &Meeue 1966), nas algas vermelhas *Agardhiella sp.* (Davis 1915) , *Furcellaria sp .,Polysiphonia sp, Delessaria sp.* (Ronnestrand 1943 ,1961) .

As fenolases oxidam frequentemente diversos fenóis e catecóis, a fenolase contém cobre fortemente ligado, presumivelmente como iões cuprosos (Kertsz e Zito 1962, Kubowitz 1937).

A fenolase não é normalmente uma oxidase terminal na alga, catalisa a oxidação da coenzima piridina reduzida (Kubowitz 1937) com o fenol a servir de transportador de electrões entre a coenzima reduzida e o oxigénio. A fenolase pode passar electrões para outros receptores que não o oxigénio, por exemplo o citocromo C, como observado por Bonner 1955.

O gene da **metilmalonil-coA mutase** está presente no genoma da *Thalassiosira pseudonana* que está localizada na mitocôndria e que a maquinaria para o transporte intracelular de Cobalamina é conservada entre animais e algas (devido à presença de proteínas com sequência semelhante a ambas cbiA & cbiB encontradas no genoma desta alga).Tanto *a Chlamydomonas reinhardtii* como *a Thalassiosira pseudonana* contêm um gene com sequência semelhante ao cbiE, que codifica a metionina sintase redutase, necessária em organismos que contêm MetH (metionina sintase dependente da vitamina B12), o que é consistente com a ideia de que a cobalamina desempenha um papel na biossíntese da metionina nas algas. **Agarase** (EC.3.2.1.81) : É aplicada na tecnologia genética para a eluição e isolamento de fragmentos de ADN de géis de agarose após eletroforese. Na preparação de protoplastos de algas, como os da alga vermelha *Gelidium robustum*, na caraterização de polissacáridos de algas marinhas, na produção de açúcares simples, incluindo neoagarobiose, neoagarotetraose e neoagarohexaose, na degradação da agarose em oligossacáridos, na liquefação de ágar e de géis de agarose e na desincrustação de fermentadores e bioreactores.

A enzima purificada pode controlar eficazmente a contaminação da proliferação de algas vermelhas, prevenir a bioincrustação de superfícies marinhas submersas ou tubagens através da contaminação da camada complexa de polissacáridos ou tratar essas superfícies bioincrustadas após a contaminação.

Alginato-Liase (EC.4.2.2.3); Pode ser útil para a conversão de biomassa de algas castanhas em metano, isolada de *Bacillus sp.* marinhos, *Alteromonas* e fotobactérias.

K-Carragenase (EC.3.2.1.83); uma bactéria degradadora de carragenina, do tipo citófaga, designada por estirpe DSij, isolada da alga vermelha marinha *Delesseria sanguine*, produz simultaneamente K-

Carragenase extracelular e iota-Carragenase na presença de 7-carragenina.

a-Galactosidase (EC.3.2.1.22); é utilizada na indústria do açúcar para aumentar o rendimento da sacarose através da hidrólise da rafinose, um a-galactósido. A a-glactosidase foi obtida a partir de *Alteromonas spp.* marinhas, isoladas de esponjas e da alga *Polysiphonia sp.*

A D-lactato desidrogenase dependente de NAD funciona provavelmente para produzir D-Lactose a partir de piruvato. A atividade da lactato desidrogenase dependente de NAD foi encontrada em várias algas verdes, *como a Chlorella pyrenoidosa*, e nos tecidos verdes de algumas plantas terrestres inferiores.

A glicolato desidrogenase pode oxidar o D-Lactato, mas não o L-Lactato, ocorre em muitas espécies de algas verdes, onde uma enzima análoga, a glicolato oxidase, está presente em algumas outras espécies de algas verdes, bem como em tecidos verdes de plantas terrestres inferiores e superiores (Frederice et al., 1973, Nelson et al., 1970).

Lipoxigenases (EC1.13.12,LOX) ; catalisam a oxigenação dos ácidos gordos que contêm uma fração (1z ,4z)- pentadieno de uma forma regio- e estereoselectiva envolvendo os hidroperóxidos correspondentes convertidos em aldeídos .

Foi referido que, quando os ácidos linoleico e linolénico foram incubados com a enzima bruta de *Ulva conglobata*, os hidroperóxidos correspondentes (R)-9-HPODE e (R)

9- Os HPOTrE foram formados com um e.e. elevado (>99%), respetivamente (Trincone 2011).

A atividade da **catalase** (CAT, EC 1.11.1.6) correspondeu bem à distribuição da atividade de consumo de O_2 dependente de D-lactato. A atividade da catalase não foi detectada nas Prasinophyceae , Diatomáceas , nem nas Cryptophyta , o que é consistente com a ausência de glicolato oxidase nestas algas (mas têm um nível significativo de atividade de ascorbato peroxidase) .

A glicolato oxidase encontra-se apenas em plantas superiores e em grupos de algas verdes, provavelmente com peroxissomas após exposição a uma atmosfera com oxigénio crescente (Tolbert 1974) . Também está presente na alga xantofítica *Bumilleriopsis filiformis* (Gross et al., 1985) e na alga vermelha primitiva *Cyanidium caldarium* (Gross e Beevers 1989) .

Não foi detectada qualquer atividade enzimática de oxidação do glicolato em várias espécies de algas castanhas, vermelhas e zooxantelas (Suzuki et al., 1991).

Preparação de extractos celulares livres

As algas recolhidas (por filtração por sucção suave através de filtro de vidro ou por centrifugação de culturas de algas a 300-4000 xg, dependendo da espécie) foram lavadas com água destilada ou com

3 %NaCl em caso de algas de água doce e marinhas, respetivamente.

As células foram suspensas em tampão de fosfato de potássio 0,1 M gelado com pH 7,0, contendo 1 m M de fluoreto de fenilmetilsulfonilo (PMSF) e 1 % de Triton X-100, sonicado durante 3 min. a 0 °C. As células foram centrifugadas a 21000 xg durante 20 min. e o sobrenadante foi utilizado para o ensaio.

No caso das macroalgas, 100 g (peso vivo) foram triturados num almofariz refrigerado com 180 ml de tampão de trituração contendo: 0,5 M Tris-HCL, PH 7,5, 5 mM 2-mercaptoetanol, 1 % polivinilpirrolidona, 0,5 % Triton x-100 e 1 mM PMSF, na presença de uma quantidade adequada de areia de quartzo.

O homogenato foi filtrado através de uma rede de nylon de quatro camadas e o filtrado foi centrifugado a 21000xg durante 20 minutos. O extrato bruto foi precipitado com um sólido ($NH_4)_2SO_4$ que foi ressuspendido em 50 mM Tris-HCL ,PH 7.0 e utilizado para os ensaios.

Ensaios enzimáticos :

A glicolato desidrogenase e a glicolato oxidase foram testadas através da monitorização da redução anaeróbia do diclorofenolindofenol (DCPIP) a 600nm a 25C com um espetrofotómetro (Frederick et al., 1973).

A mistura de reação (3 ml finais) contém 0,08 M de tampão Na-pirofosfato PH 8,5, 0,12 mM de DCPIP, 0,01% de Triton x-100, 0,1 mM de FMN e 8 mM de Na-glicolato, 20 mM de D(-)- Lactase ou 20 mM de L(+)-Lactase. Após leitura das taxas endógenas durante 5 minutos, as reacções foram iniciadas pela adição do substrato.

A oxidase do glicolato foi testada monitorizando a absorção de O_2 dependente do glicolato pelo extrato bruto com um elétrodo de O_2 Rank Brothers. A mistura de reação foi a mesma que a anterior, exceto que o DCPIP e o FMN foram omitidos. A atividade oxidante do glicolato foi também avaliada medindo a formação de fenil-hidrazona do glicolato a 321 nm, tal como descrito por Nelson e Tolbert (1970).

A ascorbato peroixidase e a catalase (Nakano e Asada 1981, Luck 1965) foram determinadas espectrofotometricamente.

REFERÊNCIAS

1- **Fogg G.E.(1971**) Produtos extracelulares de algas em água doce. Arch . Hydrobiol .5 : 1-25.

2- **Gross W. (1990)**. Ocorrência de glicolato oxidase e hidroxipiruvato redutase em *Egregia menziesii* (Phaeophyta).J.Phycol .26 :381-383 .

3- **Gross W. e Beevers H. (1989)** .Distribuição subcelular de enzimas do metabolismo do glicolato na alga *Cyanidium caldarium.* Plant Physiol . 90 : 799-805 .

4- **Floyd G. L. e Salisbury J. L.(1977)**. Glicolato desidrogenase em algas verdes primitivas. Biol. 64 : 1294-1296.

5- **Paul J . S. e Volcani B . E. (1974)** . A oxidação do ácido glicólico *em Thalassiosira pseudonana (Gyclotella nana*). Arch.Microbiol .101 : 115-120 .

6- **Tolbert N.E . (1976)**.Glicolato oxidase e glicolato desidrogenase em algas marinhas e plantas.Aust. J. Plant Physiol . 3 : 129-132 .

7- **Codd G.A. e Stewart W. D. P. (1973)**: Vias de metabolismo do glicolato na alga azul-verde *Anabaena cylindrica.* Arch . Microbiol .94: 11-28.

8- **Tolbert N. E. (1974)**. Photorespiration. Em Stewart ,W.D.P. [Ed] Algal Physiology and Biochemistry .Blackwell Scientific Publications , Oxford ,pp. 474-504.

9- **Tocher R. D. e Meeuse B . J. D. (1966)**. Enzimas de algas marinhas. 1- Estudos sobre fenolase na alga verde *Monostroma fuscum.* J of Bot. ,44: 551-561.

10- **Davis A. R. (1915)** Ação enzimática nas algas marinhas. Missouri Botan. Garden,2 : 771-836.

11- **Ronnerstrand S. (1943)** Untersuchungen uber Oxydase ,Peroxidase und Ascorbinsaure in einigen Meeresalgen. Dissertação Universidade de Lund

12- **Ronnerstrand S. (1961)** Investigação sobre os polifenóis do sistema oxidase da alga vermelha Furcellaria fastigiata. Lunds Univ. Arsskr. N.F. Bd57, KFSH Bd.72.

13- **Kertesz D. e Zito R. (1962)**, Fenolase, em Oxygenases, editado por O. Hayaishi. Academic Press ,Inc., Nova Iorque .pp 307-354.

14- **Bonner W. D. (1955)**.Fenol oxidase redução do citocromo c . (Abstr.)Plant Physiol . 30 .

15- **Gruber P. J., Frederick S. E. e Tolbert N.E. (1974):** Enzimas relacionadas com o metabolismo do lactato em algas verdes e plantas terrestres inferiores. Plant Physiol. 53 : 167170.

16- **Frederick S.E. ,Gruber P. J. and Tolbert N. E. (1973)**.The occurrence of glycolate dehydrogenase and glycolate oxidase in green plants :an evolutionary survey. Plant Physiol .52 :318-323.

17- **Nelson E.B. e Tolbert N. E. (1970)**.Glicolato desidrogenase em algas verdes .Arch.Biochem.,141 : 102-110.

18- **Trincone A. (2011).**Biocatalisadores marinhos: caraterísticas e aplicações enzimáticas .Mar. Drugs ,9 : 478-499.

19- **Gross W. ,Winkler U. e Stabenau H. (1985).** Caraterísticas dos peroxissomas da alga Bumilleriopsis filiformis, Plant Physiol. 77: 296-299.

20- **Suzuki K. ,Iwamoto K. Yokoyama S. e Ikawa T. (1991).** Enzimas oxidantes de glicolato em algas.J.Physiol. 27 : 492-498.

21- **Chandrasekaran M. e Kumar R. (1997):** Enzimas microbianas marinhas, em Biotecnologia - vol. IX.

22- **Nakano y. e Asada K. (1981).** Hydrogen peroxide is scavenged by ascorbatespecific peroxidase in spinach chloroplasts . Plant Cell Physiol. 22 :867-80.

23- **Luck H. (1965).** Catalase. Em Bergmeyer, H-U. (Ed.) *Métodos de Análise Enzimática.* Academic Press ,New York ,pp. 885-94.

24- **Tolbert N E. ,** (1971) .Isolamento de peroxissomas de folhas . Em San Pietro,A. (Ed.) *Métodos em Enzimologia,* Vol. 23. Academic Press , Nova Iorque, pp. 665-82.

ALGAS PRODUTORAS DE VITAMINA

Várias espécies de algas planctónicas marinhas produzem vitaminas extracelulares (como a Tiamina, a Biotina, a Cobalamina, o Ácido Ascórbico) durante as suas fases exponencial e estacionária de crescimento (Carlucii e Bowes 1970 a).

As vitaminas são definidas como micronutrientes orgânicos, difíceis de sintetizar, necessários em quantidades vestigiais e que devem ser obtidos na dieta humana. Muitas algas requerem (e são incapazes de sintetizar) vitaminas (auxotrofia), enquanto a maioria das plantas e microrganismos não o fazem, à exceção deste facto, a nutrição das plantas superiores e das algas é muito semelhante. Muitas algas não podem ser cultivadas em meios minerais, enquanto que a utilização de solo - água e extractos de solo para o cultivo de algas de vida livre, provou ser bem sucedida. Contém nitratos, amoníaco, vitaminas, metais vestigiais, bem como alguns metabolitos bacterianos. As algas necessitam de três vitaminas: Cobalamina (vit. B_{12}), Timina (vit, B_1) , Biotina (vit. B_7) . A cobalamina e a timina são necessárias, isoladamente ou em combinação, para a maioria das algas auxotróticas, e a cobalamina parece ser mais necessária do que a timina. A biotina, por outro lado, demonstrou ser necessária para alguns dinoflagelados e Chrysomonads.

Os membros das Cyanophyceae , Chlorophyceae , Xanthophyceae e Phaeophyceae têm o menor número de espécies que necessitam de vitaminas (Provasoli e Carlucci 1974) Foi relatado que várias algas libertam vitaminas no meio de cultura das algas de crescimento autotrófico, como *Ochromonas malhamensis, O.danica, Chlamydomonas sp.* e *Chlorella pyrenoidosa (*Aaronson et al., 1971, Nakamura e Gowans 1964, Bednar e Holm-Hansen 1964) que podem libertar riboflavina, Vit.E, Vit.B6, ascorbato, ácido nicotínico, poliglutamatos.

O mutante *Chlamydomonas eugametos* liberta ácido nicotínico (Nakamura e Gowans 1964), enquanto *Ochromonas danica* liberta pantenato de ascorbato, riboflavina e vitamina E (Aaronson et al., 1971) e *Coccomyxa sp.* O líquen verde ,*Chlorella pyrenoidosa* liberta biotina (Bednar e Holm-Hansen 1964).

A necessidade de um fornecimento exógeno de Biotina e Tiamina deve-se provavelmente à perda de uma ou mais enzimas biossintéticas chave para produzir a vitamina (Craft et al., 2006), enquanto a Cobalamina não é sintetizada pelas algas e é necessária para os humanos porque é um cofator essencial para duas enzimas Metilmalonil-CO A Mutase, Metionina Sintase

Vitamina B_{12}(Cobalamina) :

Faz parte da família das cobalaminas. A molécula é composta por duas partes, um grande grupo planar e uma cadeia lateral de nucleótidos (fosfato de a-5,6-dimetilbenzimidazole-D-ribofuranose). Os análogos podem ser subdivididos em três grupos: uma cadeia lateral de nucleótido semelhante ao benzimidazol (inclui B_{12}), uma cadeia lateral semelhante à adenina ou à guanina e a ausência de uma cadeia lateral de nucleótido (fator B).

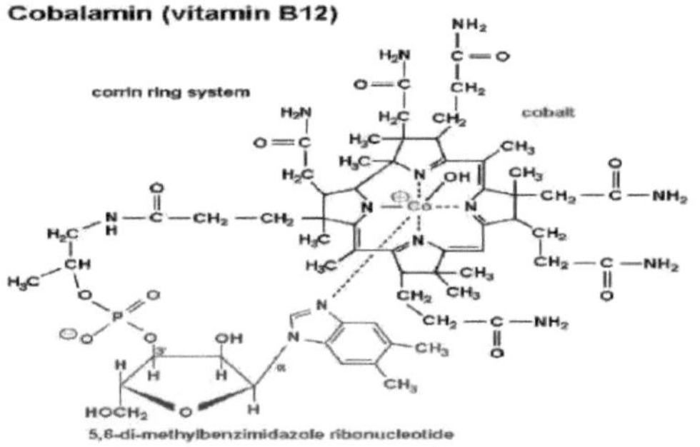

Os organismos que necessitam de cobalamina enquadram-se em três padrões:

-O tipo *Escherichia coli* ;que pode utilizar todos os análogos, incluindo o fator B

-O tipo *Lactobacillus leichmannii*, que utiliza todos os análogos, exceto

-O tipo de mamífero que utiliza apenas análogos com nucleótido dimetilbenzimidazol.

As algas, tal como outros microrganismos, incluem espécies que apresentam estes três padrões de especificidade.

Guillard 1968, estudou 24 clones de diatomáceas cêntricas, e verificou que os três padrões estavam representados neste grupo com padrões de *E. coli* e mamíferos. Nove espécies de algas marinhas vermelhas foram analisadas por Neujahr 1956, que mostrou que estas algas não parecem enquadrar-se nos padrões clássicos.

Vitamina B1 (Tiamina):

A molécula de tiramina é composta por uma fração de tiazol e uma fração de pirimidina. Estas moléculas podem substituir a timamina intacta, como no caso de seis espécies de algas, em que as necessidades de timamina podem ser satisfeitas apenas pela molécula de tiazol e pela molécula de pirimidina em quatro espécies, enquanto quatro espécies necessitam de ambas as moléculas, tal como referido por Lewin1961.

Verificou-se que a tiamina é produzida pela espécie marinha *Dunaliella tertiolecta, Skeletonema costatum* e pelo dinoflagelado *Gonyoulax tamerensis*, bem como por várias algas marinhas.

Nas algas, a via biossintética da tiramina segue o mesmo padrão geral que noutros organismos, com dois ramos separados para produzir cada uma das moléculas que são depois combinadas para produzir a tiramina.

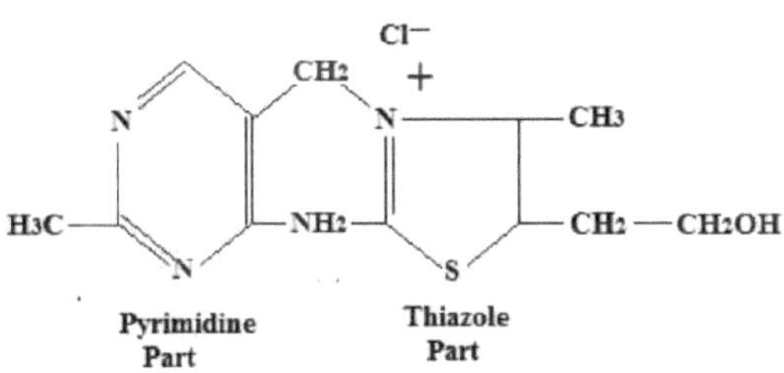

THIAMINE (Vitamin B1)

Vitamina B 7 (Biotina):

Cyclotella nana, Phaeodactylum tricornutum e Skeletonema costatum libertam biotina, tal como referido por Carlucci e Bowes (1970 a,b). Concentrações elevadas de vitaminas dissolvidas (vit. 1,7, 12) foram associadas a uma elevada biomassa fitoplanctónica, indicando que, na natureza, os fitoplânctons podem ser responsáveis pela produção destas vitaminas (Carlucci 1970).

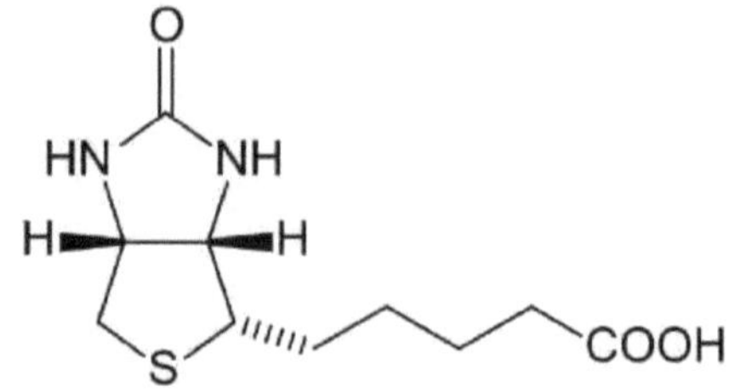

Vitamina C (ácido ascórbico) :

Desempenha um papel importante na fotoprotecção da fotossíntese, quer como eliminador de ERO, quer como cofator da violaxantina-de-epoxidase, uma enzima necessária para a síntese do pigmento xantofílico fotoprotector zeaxantina. Os protistas fotossintéticos com cloroplastos derivados de endossimbiose secundária parecem ter uma via híbrida que combina uma via de tipo animal com uma galactonolactona desidrogenase (GLDH) de tipo vegetal na fase final. Propõe-se que, ao contrário da via animal, a via vegetal e a via híbrida proporcionem uma elevada eficiência para a biossíntese de ascorbato sem a formação de peróxido de hidrogénio.

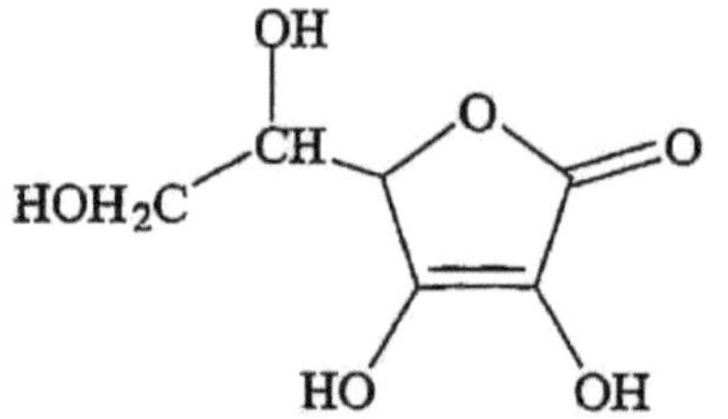

Ascorbic Acid

REFERÊNCIAS

1- **Nakamura K.and Gowans C.S.(1964).**Nicotinic acid -execriting mutants in *Chlamydomonas.* Nature ,Lond. 202,826-827.

2- **Carlucci A.F. e Boowes P.M. (1970).**Produção de vitamina B12 , Tiamina e Biotina pelo fitoplâncton ,J.Phycol.6 : 351-357.

3- **Bednar T.W. and Holm-Hansen O. (1964).**Biotin liberation by the Lichen alga *Coccomyxa sp.* And by *Chlorellapyrenoidosa* .Pl . Cell Physiol, Tóquio, 5: 297-303.

4- Aaronson **S. (1971)**.A síntese de macromoléculas extracelulares e membranas por uma população do fitoflagelado *Ochromonas danica* .Limnol. Oceanogr. 16 : 1-9.

5- **Croft M.T., Warren M.J. ,Smith A.G. (2006).**Algae need their vitamins. Eukaryot Cell.5 :1175-1183.

6- **Provasoli L. e Carlucci A.F. (1974).**Vitamins and Ggrowth regulators p. 741787. In W.D.P. Stewart (ed.) Algal physiology and biochemistry. Blackwell Scientific Publications, Oxford, Reino Unido.

7- **Guillard R.R.L. (1963).** Fontes orgânicas de azoto para diatomáceas marinhas cêntricas. Mar.Microbiol. ed Oppenheimer CH. (Thomas, Springfield), pp.93-104.

8- **Carluci A.F. (1970).**VitaminB12, thyamine , biotin .The ecology of the phytoplankton off La Jolla ,California ,in the period April to September ,1967. Bull Scripps inst Oceanogr . 17 : 23-31.

REGULADORES DE CRESCIMENTO DE ALGAS

Nas formas unicelulares, o ciclo de vida é controlado por sistemas genéticos, membranares e enzimáticos, enquanto que nas formas mais complexas, a regulação ao nível dos tecidos, que compreendem o contacto entre as células, inclui o sistema trófico que proporciona a troca de nutrientes e compostos ricos em energia. Os factores tróficos segregados pelas células (como os açúcares, os ácidos gordos e os aminoácidos) têm um papel de sinalização e uma eficácia no controlo da atividade dos sistemas reguladores intracelulares, nomeadamente a transcrição dos genes (Koch 2004). As células vegetais podem segregar compostos de baixo peso molecular, bem como polímeros (proteínas e polissacáridos), que podem ter uma função reguladora.

Os dados comunicados a partir de estudos e investigações durante muitos anos indicam que não só as células cultivadas de plantas superiores, mas também as algas são capazes de segregar compostos de baixo peso molecular, em meios de cultura, que podem satisfazer tanto funções de proteção como de reprodução, constituindo o segundo sistema de metabolismo, que é o hormonal.

Muitos estudos sobre a estrutura, a função e o metabolismo de ação das hormonas vegetais superiores atraíram a atenção de muitos investigadores, tanto anteriormente como atualmente.

Dados recentes sobre a via de biossíntese das fitohormonas permitem concluir que, na maioria dos casos, está ligada ao cloroplasto (Davis 2004).

De acordo com a teoria moderna sobre a origem da célula eucariótica, o aparelho plastidial é um desenvolvimento evolutivo de um organismo procariótico fotossintetizante (Margelis 1981), pelo que se espera que as fito-hormonas, cuja síntese e função estão diretamente relacionadas com os plastídeos, devam também apresentar a sua atividade reguladora nas algas.

Até agora, a presença de um sistema hormonal completo nas algas e a correspondência da sua atividade biológica com a das hormonas das plantas superiores são debatidas (Bradely 1991, Evans et al., 1991). As informações sobre o metabolismo hormonal e o seu mecanismo nas algas são escassas.

Durante este período, foi registado um grande conjunto de compostos com atividade hormonal (entre os quais o IAA, o IPA, o GA e o ácido lunularico) em Chlorophyta, Phaeophyta e Rhodophyta.

Em meados dos anos 80, iniciaram-se novos estudos interessantes sobre as hormonas das algas e, durante este período, os espectros das hormonas das algas e as suas actividades biológicas confirmaram a presença de todas as fito-hormonas das plantas superiores nas algas.

Atualmente, estão identificados dez grupos de compostos fisiologicamente activos de tipo hormonal nas plantas superiores (Polevoi 1982, Dasis 2004).

Ácido indole 3-acético (IAA) :

É considerado como o regulador de crescimento produzido naturalmente e de ocorrência universal no reino vegetal e nas algas. É evidente que as IAA, bem como outras hormonas, são compostos de baixo peso molecular que exercem a sua ação à distância e em concentrações muito baixas.

Um dos seus principais efeitos é a ativação da H+-ATPase plasmalemmal envolvida no processo de crescimento das plantas por alongamento, bem como a indução da formação de raízes (Tarakhovskaya et al., 2007). As auxinas são necessárias para a diferenciação dos elementos vasculares, o desenvolvimento de gemas axilares, flores e frutos, e também estimulam a iniciação das raízes e as respostas trópicas.

Auxinas e seus análogos inactivos foram detectados em várias partes de *Fucus vesiculosus* por Du BUY e Olson (1937), ao mesmo tempo que Van der Weij (1937) relatou a sua presença em vesículas de *Valonia utricularis* e *V. macrophysa,* enquanto Darsie (1939) demonstrou a presença de IAA em *Bryopsis muscosa e Van Overbeck* (1940 a, b) em *Macrocystis sp,*No mesmo contexto, De Valera (1940) e Kylin (1942) referiram que a água do mar da zona de *Fucus & Ascophyllum sp.* estimulava o crescimento de algas do que a água do mar de outros locais. Roborth e Thomas (1948) registaram a existência de IAA em *Chlorella vulgaris,* no entanto Williams (1949) encontrou uma substância de crescimento semelhante à IAA no tecido excisado de *Laminaria agardhii* . Bently (1958) foi o primeiro cientista a analisar o meio de cultura de *Chlorella pyrenoidosa , Oscillatoria sp.*, e *Anabaena cylindrica* por extração com solventes orgânicos e separação por cromatografia em papel , isolou uma substância indólica que tem uma taxa de fluxo próxima da do IAA e biologicamente ativa com o teste de Avena coleoptiles .Tandler (1962 a,b) relatou a presença de derivados indólicos no talo de *Acetabulariasp.* Lefevre et al. (1963) verificaram que as cianobactérias de água doce segregavam nos seus meios sintéticos substâncias que estimulavam a multiplicação celular. A IAA foi registada nas algas castanhas: *Macrocystis sp.*, *Laminaria* sp., *Pylaiella littoralis,* nas algas vermelhas *Botryocladia sp., Ceramium rubrum* e nas algas verdes: *Enteromorpha prolifera, E. compressa, Chlorella sp., Cladophora sp.* e na cianobactéria *Oscillatoria sp.* por Schiewer (1967a,b). Utilizando metodologias modernas, a presença de auxina foi demonstrada em algas verdes e caráceas, bem como no extrato de algas castanhas*; Fucus sp. & Ascophyllum sp.(* Niemann e Dorffling 1980 ,Stirk e Van Staden 1997).

O teor de auxinas nos talos das algas variou em função da estação do ano (maior concentração no verão) e do estádio de desenvolvimento. O IAA e o seu produto catabólico, o ácido dioxi-indol-3-acético, foram detectados na macroalga verde *Caulerpa paspaloides* (Jacobs 1993) e a triptamina (um elemento da via dependente do triptofano) na cianobactéria *Chlorogloea fritschii*. Da mesma forma, o IAA e os seus produtos catabólicos foram registados por Tauts e Semenenko (1971) em *Chlorella sp.* e por Abe et al. (1972-1974) em *Undaria pinnatifida, Ulva pertusa, Hizikia fusiforme, Gelidium amansii* e *Eisenia bicyclis*. Foram efectuadas muitas investigações que detectaram derivados de indol em diferentes espécies de algas (Buggeln 1976, Kingman e Moor 1982, Jacobs 1986, 1993, Cho et al. 1997, 1999). Shanab et al. (2003) confirmaram, através de análises cromatográficas e espectroscópicas, a presença de substâncias indólicas em cinco espécies de cianobactérias das dez espécies investigadas.

Ao estudar as auxinas de algas (ou mesmo as auxinas de plantas), deparamo-nos com muitos problemas; a sua concentração muito baixa, em que o IAA livre está presente em equilíbrio com as suas formas ligadas, pelo que qualquer estimativa do teor de IAA deve incluir as medições das formas livres e ligadas. Um outro problema no isolamento dos AIA é a sua capacidade de sofrer oxidação in vivo pelo complexo de enzimas IAAoxidase, transformando-se em produtos inactivos e, in vitro, pode ser lentamente destruído em condições básicas, pelo que devem ser tomadas precauções para evitar essa perda

.

O IAA é sintetizado nas plantas a partir do aminoácido triptofano por qualquer uma das cinco vias biossintéticas (Wightman e Cohen 1968).

Foram utilizadas duas linhas principais de investigação para detetar e estimar as substâncias de crescimento nas algas ;

1 - Extração, caraterização por cromatografia e bioensaio em plantas.

2- A resposta fisiológica das algas à aplicação exógena de substâncias de crescimento.

ácido indoleacético (IAA)

H

HC c-C -CH(2)-COOH
I II II
HC 4 zC CH
C N
H H

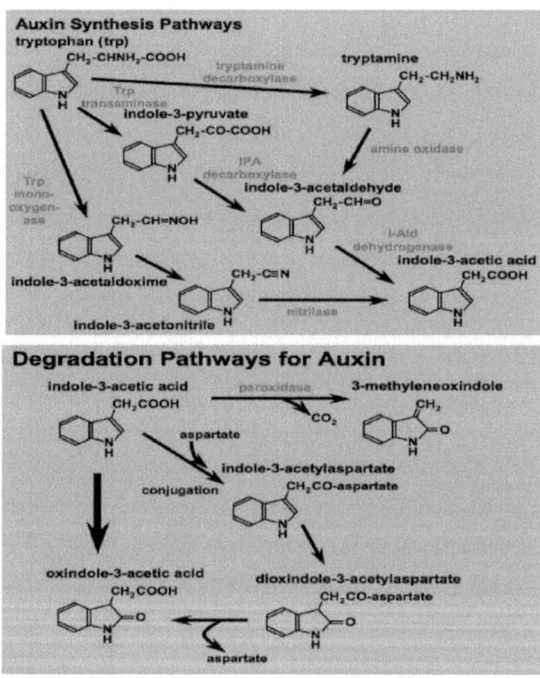

EXTRACÇÃO

Os tecidos frescos são macerados em metanol previamente arrefecido a 4°C, filtrados durante 24 horas, evaporados a 45°C até atingirem um volume reduzido e, em seguida, fraccionados por extração em éter a diferentes pHs (Schneider et al., 1972):

-Fração neutra a PH7 (indole 3-acetaldeído).

-Fração ácida a PH3.0 (principalmente IAA).

-Fração básica a PH11 (principalmente triptamina).

O triptofano eventualmente presente permanecerá no resíduo aquoso.

Estas fracções são concentradas e comparadas com padrões por cromatografia, medições espectrais e bioensaio.

SEPARAÇÃO CROMATOGRÁFICA

Utilizando cromatografia em papel e em camada fina (PC & TLC) com diferentes sistemas móveis (como Isopropanol-NH4OH-H2O ,8: 1: 1), foram registados diferentes valores de Rf. As manchas separadas adquiriram várias cores quando pulverizadas com o reagente DMCA (0,1 g de P-dimetilaminocinamaldeído em 10 ml de Hcl conc., diluído a 200 ml com acetona imediatamente antes da utilização).

No caso da cromatografia em papel (PC), o papel é mergulhado no reagente, depois seco e aquecido a 65C durante 2,5 min, enquanto que no caso da cromatografia em camada fina (TLC), as placas são pulverizadas com 0,25% da solução reagente em etanol-conc. Hcl (1:1), a cor desenvolve-se durante a noite à temperatura ambiente.

IDENTIFICAÇÃO

-As medições do espetro ultravioleta em metanol são utilizadas para a identificação de indóis, enquanto as medições do espetro ultravioleta em solução conc. de H2SO4 a 30 e 70°C podem ser utilizadas para distinguir indóis substituídos diferencialmente.

-As medições do espetro de infravermelhos (IR, como discos KBr) podem ser utilizadas para confirmar a identidade. O IAA tem um pico de fluorescência a 365 nm.

-Para a identificação e determinação de IAA em sedimentos marinhos (Maruyama et al., 1989), o extrato metanólico (80 %) foi fraccionado com éter dietílico a PH 8,5-9, a fase aquosa foi ajustada a PH 2,5-3, particionada contra o éter dietílico e a fase ácido-éter foi combinada, depois evaporada sob vácuo a 40 °C, aplicada a HPLC, que foi fornecida por um IAA autêntico. Para a determinação exacta do AIA, cada fração de 0,5 ml eluída do HPLC foi metilada com diazometano etéreo e submetida a ELISA (Enzyme -Linked-Immunosolvent Assay) utilizando anticorpos monoclonais para o éster metílico do AIA, tal como descrito por Mertens et al. (1985).

BIOASSAIA

Para estudar o efeito da IAA no crescimento do coleóptilo de Avena (ou coleóptilo de trigo), cortar os coleóptilos da planta crescida à luz vermelha, lavar em meio basal (2% de sacarose em tampão KH_2PO_4 0,01M PH 4,5) para remover a auxina endógena, depois tratar durante 10 horas com meio basal contendo diferentes concentrações do material isolado de IAA. O aumento do comprimento dos coleóptilos em relação aos de controlo pode estar relacionado com as concentrações.

A curva-padrão foi preparada a partir de medições efectuadas com uma solução sintética de auxina (Fawcett et al., 1960, Witham et al., 1971).

REFERÊNCIAS

1-Schiewer V.,(1967a) .Auxinvorkommen und Auxinstoffwechsel bei mehrzelligen Ostseealgen. I. Zum Vorkommen von Indole-3- essigsaure. Planta ,74 :313-323.

3- **Schiewer V.,(1967b).** Auxinvorkommen und Auxinstoffwechsel bei mehrzelligen Ostseealgen . II.Zur Entstehung von Indole -3- essigsaure aus Tryptophan ,unter Berucksichtigung des Einflusses der marinen Bakterienflora .Planta , 75 : 152-160.

4- **Polevoi V V. , (1982)**. Fitogormony (Phytohormones),Leningrad : Leningr. Gos. Univ.

5- **Koch K. ,(2004).** SucroseMetabolism : Regulatory Mechanisms and Pivotal Roles in Sugar Sensing and Plant Development ,Curr. Opin . Plant Biol. ,7 : 235-246 .

6- **Davis P J. ,Ed .(2004)**. Plant Hormones ,Dordrecht ,Kluwer .

7- **Margelis L .(1981).**Symbiosis in Cell Evolution : Life and Its Environment on the Early Earth . São Francisco : Freeman .

8- **Bradley P M .** As hormonas vegetais têm um papel no controlo do crescimento e desenvolvimento das algas, J. Phycol. Phycol., 27 : 317-321.

9- **Niemann D I. ,and Dorffling K. ,(1980).**Growh Inhibition and Growth Promotion in *Enteromorpha compressa* (Chlorophyta),J. Phycol. 16 : 383-389.

10- **Stirk W A . ,and Van Staden J. , (1997).Comparison** of Cytokinin and AuxinLike Activity in Some Commercially Used Seaweed Extracts ,J. Appl Phycol. ,8 : 503508.

11- **Jacobs W P A. ,(1993).** A Search for Some Angiosperm Hormones and Their Metabolites in *Caulerpapaspaloides* (Chlorophyta) ,J . Phycol. ,29 : 595-600.

12- **Tarakhovskaya E R . ,Maslov YU I ., e Shishova M F. ,(2007)**. Fitohormonas em Algas .Russ

. J. Plant Physiology ,54 (2): 163-170.

13- **Wightman F. e Cohen D. (1968)**, In Biochemistry and Physiology of Plant Growth Substances, ed. Wightman ,F. e Setterfield G., pp.273-288, Runge Press Ottawa.

14- **Schneider E A. ,Gibson R A.,e Wightman F. (1972) ....**J.Exp .Bot.23 : 152.

15- **Fawcett C H ., Wain R L. ,e Wightman F .,(1960) ....**Procc.R.Soc. B 152 :231 .

16- **Witham F H. ,Blaydes D F., e Devlin R M., (1971)** . Experiments in Plant Physiology, pp.44-46 Van Nostrand, New York .

17- **Maruyama A. , Maeda M. , Simidu U. (1989**).Produção microbiana de auxina ácido indol-3-acético em sedimentos marinhos .Mar. Ecol. Prog. Ser.,58 :69-75.

18- **Mertens R. ,Eberle J. ,Arnscheidt A. , Ledebur A. , Weiler E W. (1985).** Anticorpos monoclonais para reguladores de crescimento de plantas. II. Ácido indole-3-acético . Planta 166 :389-393.

19- **Abe H. ,Uchiyama M. e Sato R.(1972).** Isolamento e identificação de auxinas nativas em algas marinhas. Agr. Biol. Chem. 36 :2259-2260.

20- **Abe H. ,Uchiyama M. e Sato R.(1973).**Reguladores de crescimento de plantas que ocorrem em algas marinhas. 8th intern.Conf. Substâncias de crescimento de plantas, Tóquio 26 ago.-1 set. resumos.

21- **Abe H. ,Uchiyama M. e Sato R.(1974**). Isolamento do ácido fenilacético e do seu derivado p-hidroxidílico como substâncias semelhantes a auxinas de *Undaria pinnatifida. Chem.38 :* 897-898.

22- **Du Buy H G. and Olson R A. (1937).The** presence of growth regulators during the early development of *Fucus.* Amer. J. Bot. 24 : 609-611.

23- **Darsie M L. (1939).** Certain aspects of Phototropisms , growth and Polarity in the single celled marine alga *Bryopsis* .Thesis, Stanford University , California

24- **Bently J A. (1958)** O papel das hormonas vegetais no metabolismo e na ecologia das algas. Nature 181 :1499-1502.

25- **De Valera M.** (**1940**). Nota sobre a diferença de crescimento de espécies de *Enteromorpha* em vários meios de cultura. Kungel ,Fysiografiska Sullskapels Lund Forhandlingar 10 (5) :52-58.

26- **Buggeln R G. (1976)** Auxin ,an endogenous regulator in algae ? J. Phycol. 12 :355-358

27- **Cho J Y., Lim H J., Jin H J., Whyte J N C. e Hong Y K. (1997)**.Effects of seaweed extracts on cell growth of the feed algae *Isochrysis galbana* and Tetraselmis *suecica* Proceeding presented at the 97Joint Meeting of Korean Societies on Fisheries Sciences 225-226.

28- **Cho J Y.,Lim H J., Jin H J.,Whyte J N C .e Hong Y K. (1999).**Ativação do crescimento da Microalga *Isochrysis galbana* pelo extrato aquoso da alga *Monostroma nitidum* .J. appl. Phycol. , 10 : 561-567.

29- **Jacobs W P . (1986).**Are angiosperm hormones present in , and used as hormones by algae ?In Bopp ,M. (ed .)Plant growth substances 1985,Springer-Verlag ,New York , pp.249-256.

30- **Jacobs WP. (1993).** A search for some angiosperm hormones and their metabolites in *Caulerpapaspaloides* (Chlorophyta).J. Phycol.29 :595-600.

31- **Sanaa M. M. Shanab, Mahmoud M. Saker e Mahmoud H.M.Abdel-Rahman (2003**). Os extractos brutos de algumas cianobactérias de água doce têm uma atividade semelhante à da auxina na cultura de tecidos de batata. Arab J. Biotech .6 (2) :297-312.

32- **Van der Weij H.G.(1937).**On the occurrence of growth substance in marine algae, Proc. Acad. Sc. Amesterdão 36 : 759-760.

33- **Van Overbeek J. .(1940a).** Auxin in marine algae.Plant Physiol. 15 :291-299.

34- **Van Overbeek J. (1940b)** Auxin in marine algae Plants II. Bot.Gaz. 101 : 940947.

35- **Kylin H. (1942).**Uber den EinfluB von glucose ,Ascorbinsaure und Heteroauxin auf die Keimlinge von *Ulva* and *Enteromorpha Kungl ,fysiogr,Sallsk ,I* Lund Forhanndl , 12 :135-148.

36- **Roborth J R. ,and Thomas J B. (1948).**The synthysis of growth substances .1- The action of heteroauxin on the growth of *Chlorella vulgaris* and the influence of light on the production of growth substances. Konnitl Ned. Akad. Wetenschap. Proc. 51:8799.

37- **Tandler C J. (1962a).** Um derivado indolil cristalino de ocorrência natural em *Acetabularia* .Naturwissenschafter 40 : 213-214.

38- **Tandler C J. (1962b).**Bound indoles in *Acetabularia.*Planta 59 ,91,407 : 91-107.

39- **Lefevre M. , Laporte G. e Flandre D. (1963).**Sur la secretion par certaines cyanophycees de substances stimulant la multiplication cellulaire .C R .Acad. Sc. Paris
256 (1) :254-256 .

40- **Tauts M I. e Semenenko V E. (1971).En** Russe :Extraction et identification des substances physiologiquement actives de extracellulaires de la *Chlorella* .Dokl. Akad.Nauk, SSSR. , 198 (4) :970-973.

41- **Kingman A R. ,and Moore J. (1982).**Isolamento, purificação e quantificação de várias substâncias reguladoras de crescimento em *Ascophyllum nodosum* (Phaeophyta), Bot. Mar. 25 :149-153.

42- **Williams L G. (1949):** Substâncias reguladoras do crescimento em *Laminaria agardhii,* Science 110: 169.

CITOCININAS

As citocininas são um grupo de reguladores do crescimento das plantas responsáveis pelo início da divisão celular em culturas de tecidos durante o crescimento, influenciam a diferenciação dos rebentos e das raízes, o crescimento dos botões laterais e a expansão das folhas, o desenvolvimento dos cloroplastos e a senescência das folhas.

A manutenção do crescimento de calos indiferenciados é geralmente conseguida com concentrações molares aproximadamente iguais de citocininas e auxinas. Razões molares mais elevadas de citocinina para auxina tendem a induzir o desenvolvimento de gemas, enquanto razões elevadas de auxinas para citocinina encorajam o desenvolvimento de raízes. Assim, é possível, manipulando o equilíbrio de citocinina e auxina no meio, regenerar plântulas completas a partir de tecido de calo indiferenciado em cultura estéril. As plântulas podem então ser transplantadas para o solo na estufa ou no campo, onde se desenvolvem em plantas maduras totalmente competentes. A primeira citocinina de ocorrência natural foi a **zeatina** (de Zea mayz), que se encontra normalmente com uma ribose (o ribósido) ou ribose-fosfato (o ribótido) na posição 9. São purinas substituídas na posição 6- .

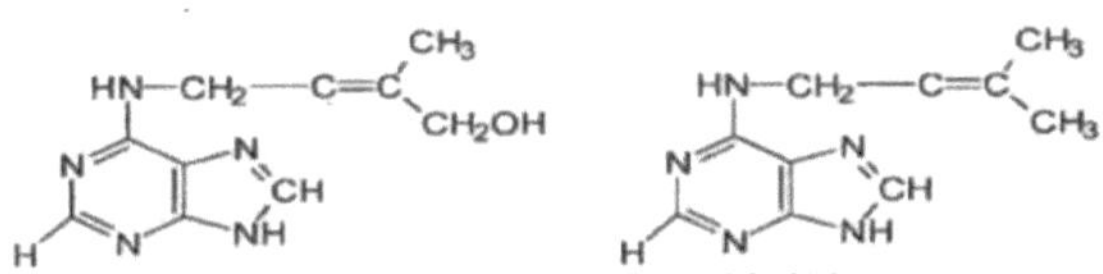

Zeatin Isopentyl adenine

Structures of naturally occurring cytokinin

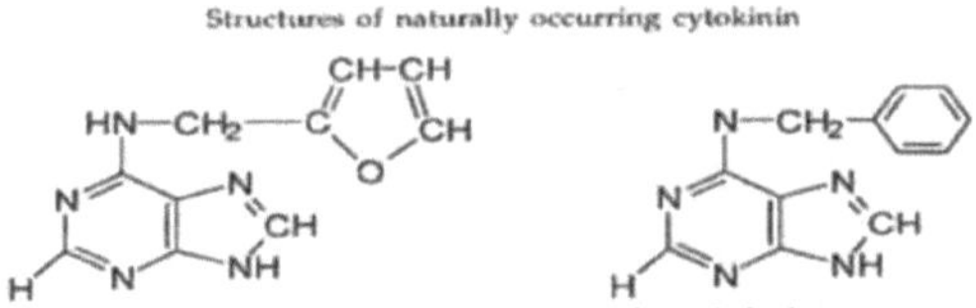

Kinetin benzyladenine

Fig. 6.3 Structures of synthetic cytokinins.

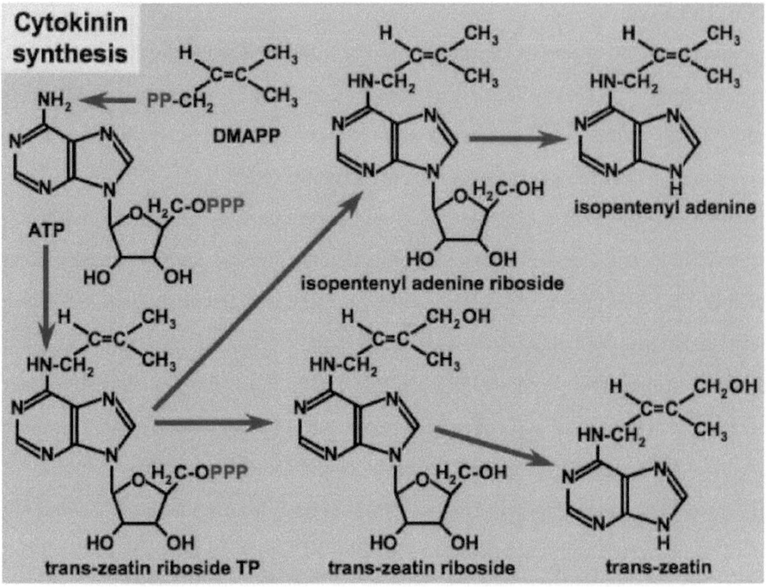

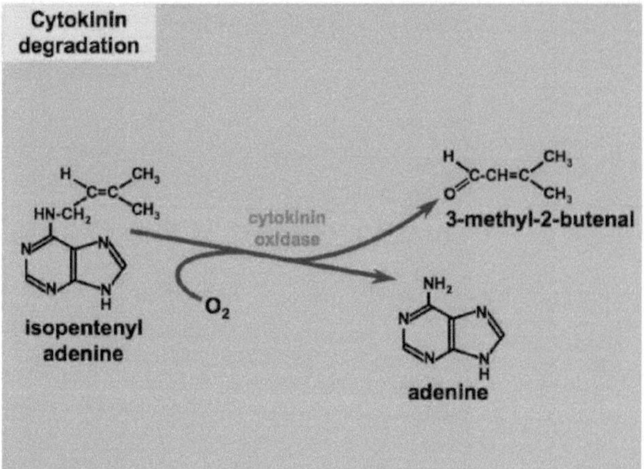

Uma série de outras substâncias estreitamente relacionadas, incluindo :

Cinetina (6- furfurylaminopurine).

Iso-pentenil adenina (IP) e seus derivados : é a principal citocinina livre nas algas e plantas inferiores .

Dihidrozeatina

N6-metilaminopurina

N6-8,8-dimetil-alilaminopurina

Em geral, são pouco solúveis em água, sendo mais solúveis em soluções ácidas ou alcalinas fracas, aparecendo como manchas escuras absorventes em luz UV curta (totalmente específicas para bases). Uma vez isoladas, as purinas podem ser caracterizadas pelos seus espectros de UV: em solução básica, os grupos hidroxilo ionizam-se e esta forma é estabilizada; em solução ácida, os grupos amino ionizam-se e o tautómero ceto é estabilizado.

A presença de cinetina pode ser confirmada através da medição do seu espetro UV (7 max. 267,5 nm em etanol).

As citocininas são sintetizadas a partir de adenosina-5-monofosfato, cujo produto é o IP (9 R-5 P), que se crê ser o precursor de todas as outras citocininas que ocorrem naturalmente.

A via para a biossíntese de novo de citocininas (esta reação é catalisada pela enzima isopentenil transferase).

A atividade semelhante à da citocinina foi detectada em diferentes grupos e espécies de algas;

Em Phaeophyta (stirk et al. , 1999) : Fucus serratus (L.) ,*Ascophyllum nodosum(* L.) ,*Ecklonia maxima* (Osbeck *}Papenf.,Laminaria saccharina* (L.) Lamour. , *Fucus vesiculosus L.* , *Dictyota sp.* ,*Sargassum heterophyllum* (Turn.)C. Ag.

Em Chlorophyta (Stirk e Van Staden 1997) *:Ulva sp.* , *Cladophora contexta* Levring ,*Codium capitatum* Silva , *C.extricatum* Silva , *Halimeda cuneata* Hering in Krauss , *Caulerpa racemosa* (Forsskal) J.AG. , *Valonia macrophysa* Kutz.

Em Rhodophyta (   ) *:Galaxaura diesingiana* Zanard , *Gelidium amansii* (Lamour.) Lamour. *Amphiroa bowbankii* Harv. *A. ephedraea* (Lamarck)Dcne , *Arthrocardia sp.* , *Cheilosiphorum sagiltatum (Lamour.)Aresch in J.Ag.* , *Jania crassa Lamour. Plocamium corallorhiza* (Turn.) in Hook. et Harv. *Hypnea rosea* Papenf. , *H. spicifera* (Suhr) Harv. Em J. Ag. *Spyridia hypnoides* (Bory) Papenf.

Nas cianobactérias (Stirk et al , 1999): *Arthronoma africanum* .

Extração:

Conhecer a alga extraída com etanol a 80%, deixar 24 horas a 4C, filtrar, depois secar o filtrado sob vácuo, purificar o resíduo ressuspenso por cromatografia em resina de permuta catiónica, separar a fração amoniacal por cromatografia em papel descendente utilizando Propanol : Amoníaco : Água (10 : 1 :1) como descrito por Stirk e Van Staden (1997).

Separação

Utilizando cromatografia em papel, **a cinetina** (Miller 1963) pode ser separada em sistema de t-butanol-conc.NH4OH-H2O (3: 1: 1) ou em n-butanol-ácido acético -H2O (4: 1: 1) como manchas escuras em luz UV curta.

A deteção é efectuada com o reagente de Dische (pulverização com 0,5 g de cloridrato de cisteína em H2SO4 3M, que produz uma cor rosa após 20 minutos).

Separação da **zeatina** (Letham 1966) por TLC em alumina G com butanona saturada com água (Rf 58), acetato de etilo saturado com água (Rf 14) ou clorofórmio-etanol 9:1 (Rf 61).

A separação pode ser efectuada por HPLC utilizando a coluna Hyperil 30 DS, 25cm x 10mm, num aparelho Varian 3000, em que foram injectados 10 mg de cada vez. A série de eluição em gradiente com início a 95%, ácido acético 0,2M tamponado a OH3,5 com trietilamina: 5% de metanol foi executada a um caudal de 2,5 ml, tendo sido recolhidas fracções e testados 600 JL para a atividade de citocinina utilizando o bioensaio com calos de soja

BIOASSAIA

A zeatina pode ser bioanalisada pela sua capacidade de promover o crescimento de explantes do floema secundário de cenoura cultivados in vitro num meio quimicamente definido (Letham 1963b). Para a determinação quantitativa, foi proposto um bioensaio baseado no efeito das citocininas na germinação da cevada (Van Onekelen e Van Overbeek 1972).

A atividade semelhante à da citocinina foi detectada utilizando **o bioensaio com calos de soja.**

Efeito das citocininas exógenas

Foi demonstrado que as citocininas (isoladamente ou em combinação com auxinas) aceleram o crescimento das algas vermelhas em cultura e facilitam a formação de calos (Yokoya et al . ,1999) . Na cultura de tecidos de Gratelouoia doryphora , as citocininas suprimiram os processos morfogenéticos (Garcia-Jimenez et al . ,1998).

O tratamento das algas com citocininas activou a divisão celular e a acumulação de proteínas e estimulou o fotossistema I e II (Tarakhovskaya et al . ,2004 ,2005,2007) .

REFERÊNCIAS

1- Stirk W A. and Van Staden J.,(1997).Comparison of Cytokinin and Auxin-like Activity in Some Commercially Used Seaweed Extracts,J. Appl. Phycol .8 :503-508.

2- Yokoya N. S. ,Hirotaka k. ,Hideki O. , and Takao K. ,(1999) .Effect of Environmental Factors and Plant Growth Regulators on Growth of the Red Alga Gracilaria vermiculophylla from Shikoku

Island , Japan, Hydrobiologya ,398 \ 399 :393- 347.

3- Garcia-Jimenez P. , Rodrigo M. ,Robaina R. R. , (1998) . Influência da Interação entre Reguladores de Crescimento Vegetal, Poliaminas e Glicerol no Crescimento e Morfogénese de Carposporelings de Grateloupia doryphora Cultivados In Vitro ,J. Appl. Phycol . ,10 :95- 100.

4- Tarakhovskaya E. R. e Maslov Yu . I.(2004) . Efeitos de Alguns Compostos Activos Fisiológicos no Desenvolvimento do Aparelho Assimilatório em Fucus vesiculosus L. ,vestn.st. Petersburg. Gos. Univ. , Ser . 3, Biologia 4 : 81-87.

7- -Tarakhovskaya E. R. e Maslov Yu . I.(2005) . Efeitos das fitohormonas e dos factores tróficos em algumas caraterísticas do aparelho fotossintético de Fucus vesiculosus e Euglena gracilis ,Vestn . São Petersburgo . Gos. Univ. ,Ser. 3 :121- 128.

8- Tarakhovskaya E. R. e Maslov Yu . I. e Shishova M. F.(2007) Reviews .Phytohormones in Algae ,Russian J. OF Plant Physiology 54 (2) :186-194.

9- Mooney e Staden (1987): identificação tentadora de citocininas em Sargassum heterophyllum (Phaeophyceae), J. Bot. Mar. 30 : 323-325 .

10- Stirk ( ) Identificação da citocinina isopenteniladenina na estirpe de Arthronema africanum (Cyanobacteria) , J. Phycol. ,35 : 89-92.

GIBBERELLINS

São a terceira classe de diterpenóides, um grupo de hormonas que se encontram disseminadas nas plantas e algas e que geralmente estimulam o crescimento (Tarakhovskaya et al. ,2007). As giberelinas, bem como as citocininas, podem ser os factores de controlo envolvidos no processo de regeneração em Fucus .

O ácido giberélico (GA3) é a giberelina mais conhecida e mais ativa, juntamente com o GA1. Substâncias com atividade de giberelinas foram isoladas de muitas algas castanhas (Radley, 1961) e verdes (Jacobs, 1993).

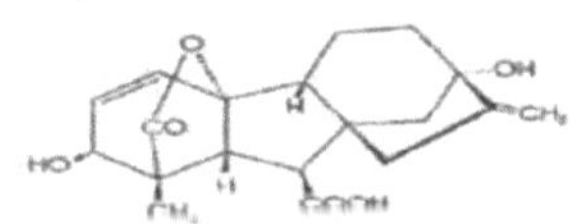

(1) GA$_1$

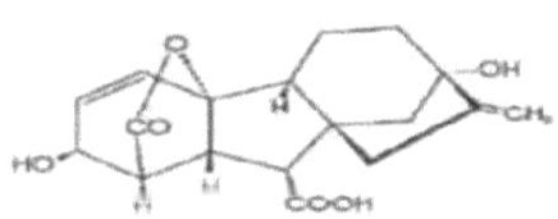

(2) GA$_3$ (gibberellic acid)

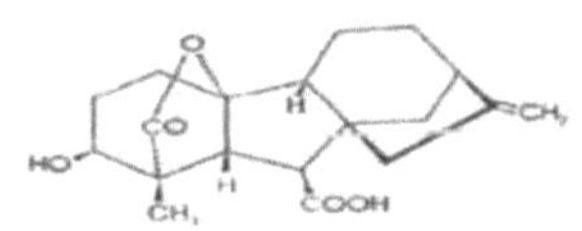

(3) GA$_4$

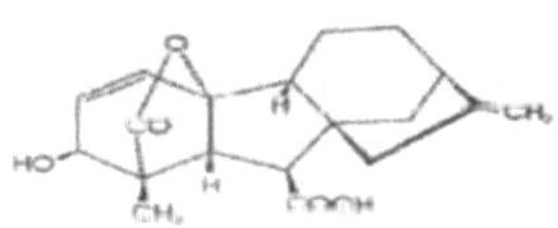

(4) GA$_7$

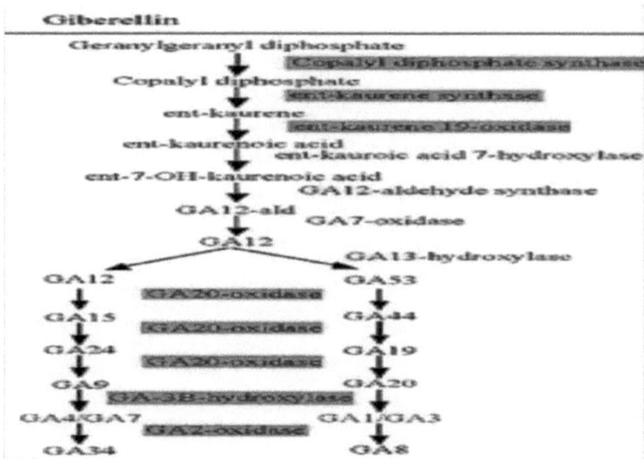

Foram detectadas diferentes giberelinas (GA 1,2,3,4,5,6,7,9) em muitas espécies de algas pertencentes a diferentes grupos, tais como: *Enteromorpha prolifera, E.flexusa, Oedogonium cardiacum, Caulerpaprolifera, Codium fragile* (Chlorophyta), *Fucus vesiculosus, F. spiralis, Sargassum plagiophyllum, Cystoseira stricta* (Phaeophyta), tal como referido por Radley 1961 e Mowat 1965. Foi também detectado em *Gracilaria corticata , Porphyra leucostricta e Hypnea musiformis* (Rhodophyta) *como* registado por Jenning 1968 .

Extração

As giberelinas livres podem ser extraídas com acetato de etilo , enquanto as giberelinas combinadas são extraídas com n-butanol .

Separação e identificação

O único método realmente satisfatório para a determinação das giberelinas (40 compostos quimicamente muito próximos e difíceis de separar e distinguir) é o GLC/MS, em que estas devem ser previamente convertidas no seu éster metílico ou éter trimetilsilílico. As hormonas são separadas por cromatografia gasosa e, em seguida, os espectros de massa são automaticamente determinados diretamente nos componentes separados, à medida que emergem da coluna GLC. Pode ser aplicado a extractos brutos ou a amostras de 5Jg de giberelinas impuras e os compostos conhecidos podem ser identificados sem recorrer a amostras autênticas (que são frequentemente inacessíveis), desde que estejam disponíveis espectros de massa de referência (Bink et al., 1968).

Podem ser separados em colunas de 5 % SE-30 , 5 % SE-52 , e 5 %OV-22 , todas em chromosorb W tratado com DMCS (Perez e Lachman 1971) .

Não existe ainda um sistema TLC único para a resolução das giberelinas.

Por conseguinte, a identificação apenas por TLC não é fiável e devem ser utilizados outros métodos em conjunto com a TLC .

Foram utilizados pelo menos 30 solventes para separar as giberelinas em camadas de sílica inativa ou activada gel (Kaldewey 1969). Dois solventes geralmente úteis utilizados em placas activadas são ;

Ácido benzeno-butanol-acético (70 : 25 : 5) e

Benzeno - ácido acético - água (50 ; 19 ; 31, camada superior) , o tempo de desenvolvimento é de aproximadamente 1 hora .

A TLC-eletroforese em gel de sílica G a 3,8-5 v/cm também foi considerada útil.

Deteção

O método normal de deteção consiste em pulverizar as placas com H2SO4-água (7 : 3) e depois aquecer a 120 °C. Gibberelinas

aparecem como manchas amarelo-esverdeadas fluorescentes no UV .

Bioensaio

A identidade foi confirmada por bioensaio utilizando os testes de hipocótilos de alface, a-amilase e bainha de folha de arroz anão. Foi encontrada atividade semelhante à das giberelinas em extractos de várias algas, utilizando bioensaios com angiospérmicas (Augier 1976). São já conhecidas mais de 70 giberelinas (Crozier 1983).

Efeito das giberelinas exógenas

O ácido giberélico suprimiu a formação de calos e a organogénese na cultura de tecidos da alga vermelha *Grateloupia doryphora.* As giberelinas exógenas aceleraram o crescimento e aumentaram o comprimento do talo quando aplicadas a macrófitas castanhas e vermelhas (Jennings 1968). Parece que as giberelinas, tal como nas plantas superiores, podem controlar o crescimento

REFERÊNCIAS

1- Radley M. (1961), Gibberellin-Like Substances in Plants, Nature, 191: 684-685.

2- Jacobs W P.(1993). A search for some Angiosperm Hormones and Their Metabolites in *Caulerpapaspaloides* (Chlorophyta) , J. Phycol. 29 : 595-600

3- Dworetzky B. ,Klein R M . e Cook P W. (1980). Efeito das substâncias de crescimento na dominância apical em Sphacelaria furcigera (Phaeophyta), J. Phycol. 16 : 239-242.

4- Binks R. ,Mac Millan J. e Pryct R J. (1968). Fitoquímico. 8 : 271 .

5- Kaldewey H. (1969).In Thin Layer Chromatography ,ed. Stahl ,E.,PP 471-
493, George Allen and Unwin, Londres.

6- Pèrez A T., e Lachman W H. (1971). Phytochem. , 10 : 2799 .

7- Jennings R C . (1968). Gibberellins as Endogenous Growth Regulators in Green and Brown Algae ,Planta, 80 : 34-42.

8- Tarakhovskaya E R. ,Maslov YU I. and Shishova M F. (2007).Phytohormones in Algae ,Russian J. Plant Physiol. 54 :163-170.

9- Augier H. ,(1976).Les H ormones des algues . Etat actel des connaissances .1- Recherche et tentative D'identification des auxines. Bot. Mar. 19: 127-143.

11- Mowat J A A. , (1965). A survey of results on the occurrence of auxins and gibberellins in algae . Bot. Mar. 8: 149-155.

12- Crozier A .(1983) . The Biochemistry and Physiology of Gibberellins, Vol 1. Praeger Publisher , Nova Iorque, 568 pp.

ÁCIDO ABSCÍSICO e ÁCIDO LUNULAR

Em vários grupos de algas, foram repetidamente detectados alguns compostos que suprimiram o crescimento das plantas em bioensaios (Pryce 1972, Niemann e Dorffling 1980).

O ácido abscísico (ABA) foi registado em algas de vários grupos, esta hormona foi encontrada nas microalgas verdes *(Chlorella sp., Dunaliella salina e Haematococcus pluvialis*) e também nas algas castanhas do género *Ascophyllum* e em algumas espécies de *Laminaria* (Tominaga et al.,1993 , Kobayashi et al., 1997 ,Nimura et al., 2002) .

O complexo inibidor de crescimento encontrado em vários grupos de algas inclui vários componentes, incluindo o ácido Lunularic , ABA, e alguns outros compostos biologicamente activos não identificados .

O ácido lunularico é um inibidor do crescimento das hepáticas, cuja estrutura, metabolismo e atividade se assemelham aos do ABA (Hiromichi et al., 2002). O ácido lunularico exógeno pode imitar muitos efeitos do ABA em plantas superiores, especialmente a supressão da atividade da a-amilase nos grãos de cereais (Hiromichi et al., 2002, Setsuko e Yoshimoto 1985).

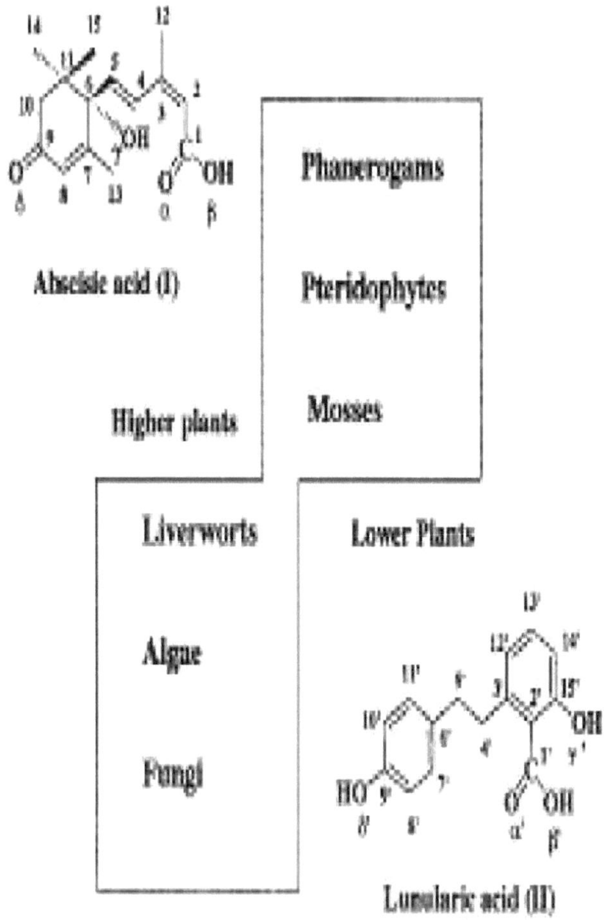
Abscisic acid (I)
Phanerogams
Pteridophytes
Higher plants
Mosses
Liverworts
Lower Plants
Algae
Fungi
Lunularic acid (II)

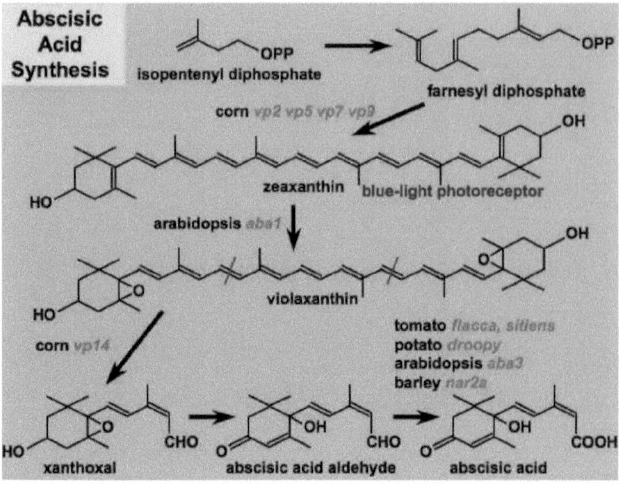

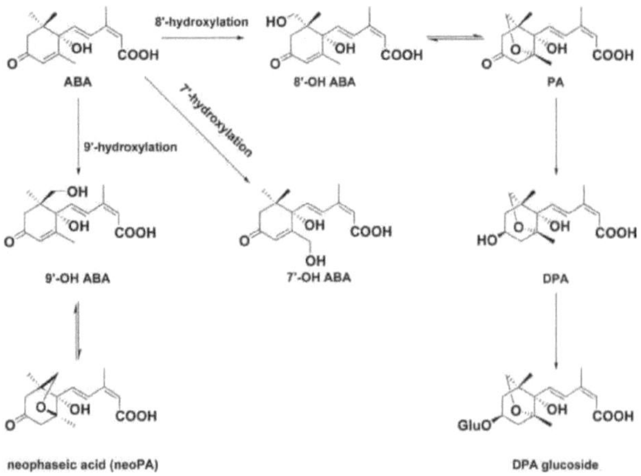

Efeito do ABA exógeno

Suprimiu o crescimento de discos cortados de talos de Laminaria em cultura e facilitou a formação de tecidos reprodutivos nas mesmas concentrações utilizadas em tratamentos de plantas superiores (10^{-6} - 10^{-4} M).

A hormona induziu um efeito morfogenético nas células de *Hypnea pluvialis*, estimulando a sua transição para a formação de quistos. Em alguns casos, o ABA pode estimular a síntese e a acumulação de carotenóides nas células das microalgas (Cowan e Rose 1991). Em algumas microalgas, o conteúdo endógeno de ABA aumentou em condições de stress (salinidade, seca). As plantas receberam ABA para a atividade vital sob stress. Parece provável que possa desempenhar uma função semelhante nas algas.

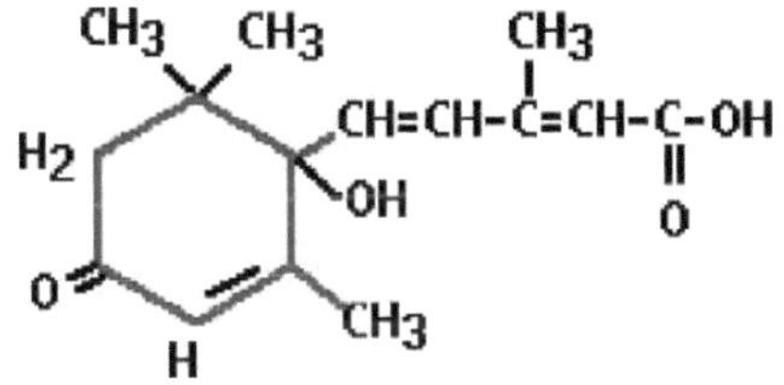

Ácido hbscísico (HUH)

Extração

Uma certa quantidade de amostra foi extraída num volume definido de metanol a 80 % num agitador numa câmara fria a 4° C. Após 24 horas, o extrato foi decantado e guardado, tendo sido adicionado metanol a 80 % fresco ao tecido da amostra. Os extractos foram evaporados e, em seguida, dissolvidos num volume mínimo de água acidificada a pH 2,5 com Hcl. Centrifugar a 4470 g durante 15 minutos para remover as partículas.

O sobrenadante foi dividido três vezes com igual volume de acetato de etilo, que depois foi evaporado sob vácuo. Para a purificação posterior, foram utilizadas colunas de vidro (300 mm, id, 1,5 x 16 mm) com PVP insolúvel. As amostras foram reidratadas em três incrementos de 25 ml de tampão fosfato 0,1 M (PH 8,0) e cada incremento foi colocado numa coluna de PVP.

Os primeiros 75 ml eluídos foram recolhidos e divididos uma vez com um volume igual de clorcto de metileno. A fase aquosa foi ajustada para PH 2,5 e dividida três vezes com volumes iguais de acetato de etilo, que depois foi evaporado sob vácuo. Cada amostra foi metilada de acordo com o procedimento de Schlenk e Gellermann 19. A análise foi efectuada por cromatografia em fase gasosa.

Referências

1- Niemann D I . e Dorffling K.(1980).Growth Inhibitors and Growth Promoters in *Enteromorpha compressa* (chlorophyta), J . Phycol. ,16 :383-389.

2- Pryce R J. , 1972 .The occurrence of Lunularic and Abscisic acids in Plants , Phytochemistry ,11 :1759-1761.

3- Kobayashi M . Hirai N., Kurimura Y., Ohigashi H., e Tsuji Y.(1997) .Abscisic Acid-Dependent Algal Morphogenesis in the Unicellular Green Alga *Haematococcus pluvialis* , Plant Growth Regul. ,22: 79-85.

4- Hiromichi Y. Yayoi I., Keiko (Doi) S., Hiroto T., e Masahito S., (2002). A semelhança biológica e estrutural entre o ácido lunularico e o ácido abscísico, Biosci. Biotech. Biochem., 66: 840-846 .

5- Setsuko A I. e Yoshimoto O. (1985). Localização intracelular do ácido lunularico e do ácido prelunularico em células cultivadas em suspensão de *Marchantia polymorpha*, Plant Physiol, 79: 751-755.

6- Cowan A K. , e Rose P D. , 1991 . Metabolismo do ácido abscísico em células de Dunaliella salina submetidas a stress salino , Plant Physiol, 97 : 798-803.

7- Nimura K. e Mizuta H. (2002). Efeitos Induzíveis do Ácido Abscísico em Discos de Sprophyte de *Laminaria japonica* Areschoug (Laminariales , Phaeophyceae) , J. Appl . Phycol. ,14 : 159-163 .

8- Tominaga N. , Takahata M., e Tominaga H.(1993) . Efeitos das concentrações de NaCl e KNO3 no teor de ácido abscísico de *Dunaliella sp.* (Chlorophya) , Hydrobiologya , 267: 163-168.

9- Schlenk e Gellemann (   ).

Ácido jasmónico

O ácido jasmónico e o seu éster metílico volátil são detectados em algas verdes (*Dunaliella tertiolecta, D.salina e Chlorella sp.*), Euglenophyta (*Euglena gracilis)* e vermelhas *(Gelidium latifolium*) e também em cianobactérias *(Spirulina sp.)*. Foram encontradas várias oxilipinas e lipoxigenases correspondentes em algas castanhas (Arnold et al ., 2001).

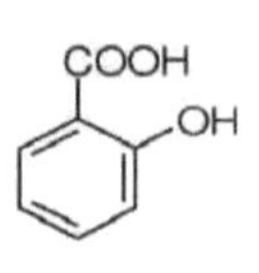

Ácido salicílico

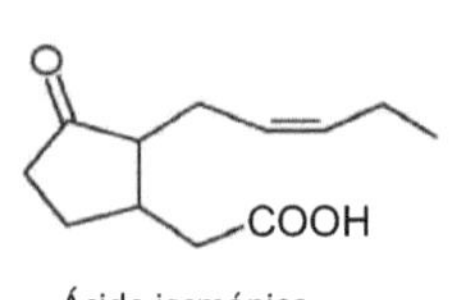

Ácido jasmónico

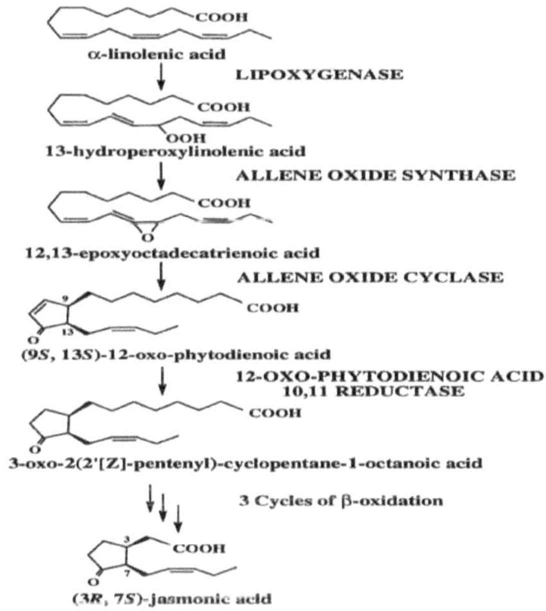

Poliaminas

O teor de poliaminas endógenas nas macrófitas varia consideravelmente em função da estação do ano e do estádio de desenvolvimento da alga (Hamana et al. ,1990 , Sacramento 2004). As algas segregam poliaminas no meio ambiente (Badini et al 1994).

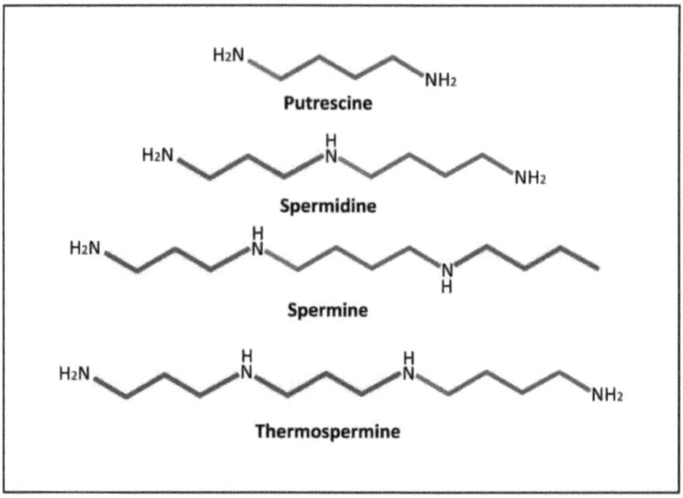

Os compostos do grupo da putrescina (putrescina, espermina e espermidina) são registados nas macrófitas vermelhas (*Cyanidium caldarium* ,*Gelidium canariensis* e *Grateloupia doryphora*) e castanhas (*Dyctiota dichotoma*) e também nas algas verdes (*Ulva rigida e Chlorella sp.*) e euglenáceas (*Euglena gracilis*). O conteúdo de poliaminas nas algas não difere do das plantas superiores (50- 150Jg \g fr wt), as vias da sua biossíntese são também semelhantes (Sacramento et al ., 2004) .

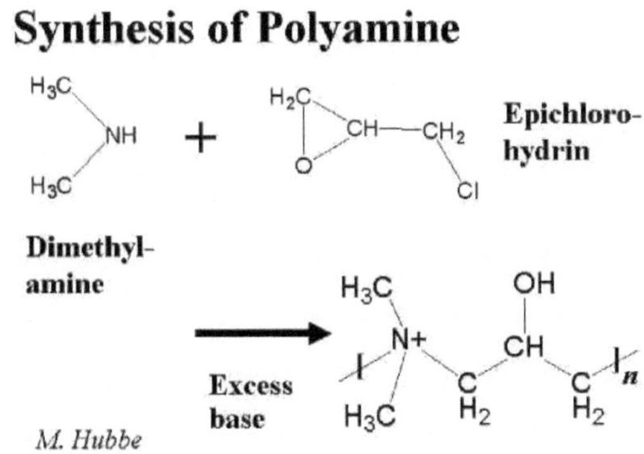

Brassinosteróides

Existem poucas evidências da presença de brassinosteróides em células de algas, como ;

A 24- epicastasterona e a 28- homocastasterona foram identificadas na alga verde *Hydrodictyon reticulatum* com um teor semelhante ao das plantas superiores 0,3, 4,0 Jg \kg fr wt respetivamente, tal como referido por Yokota et al. ,1987 ,Bajguz e Tretyn 2003 .

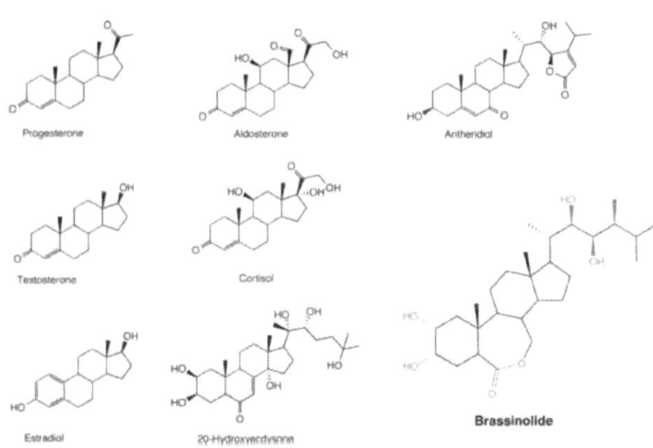

81

Rodomorfina

A rodomorfina é um glicopeptídeo com um M WT 14 KD (Waaland e Watson 1980 ,Watson e Waaland 1983)

Este regulador foi encontrado pela primeira vez e exerceu o seu efeito mopogenético na alga vermelha Griffithsia pacifica (Waaland e walson 1980), quando uma célula intercalar é removida, a célula basal de um dos fragmentos obtidos começa a segregar rodomorfina que induz a formação de uma célula reparadora específica pela célula apical do segundo fragmento, e esta célula ajuda à fusão dos dois fragmentos e à restauração da integridade do filamento. A função das glicoproteínas, análogas às hormonas peptídicas das plantas superiores, nas algas pode ser definida como a adesão e a fusão celular durante os processos reparadores e a atração e fusão dos gâmetas durante a propagação sexual das algas.

REFERÊNCIAS

1- Arnold T M., Targett N M., Tanner C E. , Hatch W I., e Ferrari K E., (2001) . Evidência da produção de clorotaninos induzida por metil jasmonato em *Fucus vesiculosus* (Phaeophyceae) , J. Phycol. ,37: 1026-1029.

2- Hamana K. , Matsuzaki S., Niitsu M. ,Samejima K.,e Nagashima H., (1990) . Poliaminas na alga vermelha unicelular termoacidofílica *Cyanidium caldarium.* Phytochemistry ,29: 377-380.

3- Badini L. , Pistocchi R., e Bagni N., (1994). Polyamine Trasport in the Seaweed *Ulva rigida* (Chlorophyta) J. Phycol., 30: 599-605.

4- Sacramento A T., Garcia-Jimenez P., Alcazar R., Tiburcio A F., e Robaina R R.,(2004).Influência das Poliaminas na Esporulação de *Grateloupia* (Halymeniaceae) , Rhdophyta , J. Phycol., 40: 887-894.

5- Yokota T., Kim SK., Fukui Y., Takahashi N. ,Takeuchi Y. , e Takematsu T., (1987) . Brassinosteróides e Esteróis de uma Alga Verde, *Hydrodictyon reticulatum* Configuração em C-24 , Phytpchemistry , 26: 503-506.

6- Bajguz A ., e Tretyn A.,(2003) . The Chemical Characteristic and Distribution of Brassinosteroids in Plants, Phytochemistry , 26: 503-506.

7- Waaland SD., e Watson B A.,(1980) . Isolationof a cell-Fusion Hormone from *Griffithsiapacifica* Kylin , a Red Alga ,Planta , 149: 493-497.

82

8- Watson BA., e Waaland S D.,(1983) . Purificação parcial e caraterização de uma hormona de fusão celular glicoproteica de *Griffithsia pacifica*, uma alga vermelha, Plant Phyiol, 71: 327-332.

MIX
Papier aus verantwortungsvollen Quellen
Paper from responsible sources
FSC® C105338

Printed by Books on Demand GmbH, Norderstedt / Germany